大飞机出版工程

总主编　顾诵芬

民用航空热加工设备的高温测量

Pyrometry of
the Thermal Treatment Equipment for
Civil Aviation Industry

崔玉卉　王　伟　吴岳明　景　坤　主编

上海交通大学出版社
SHANGHAI JIAO TONG UNIVERSITY PRESS

内容提要

    本书重点介绍了民用航空零部件生产过程中使用的温度传感器与仪表的检定校准及热加工设备的测试,并对系统精度测试和温度均匀性测试的实施做了详细说明。简单介绍了测试过程中量值的溯源和准确传递,并详细介绍了国内民用航空制造领域的高温测量过程、各类设备相关测量要求、热加工设备的调试方法以及高温测量过程中不合格问题的处理方法。

图书在版编目(CIP)数据

民用航空热加工设备的高温测量/ 崔玉卉等主编.
—上海:上海交通大学出版社,2017
ISBN 978-7-313-17203-7

Ⅰ.①民… Ⅱ.①崔… Ⅲ.①民用飞机—零部件—热加工—设备—高温测量—研究 Ⅳ.①V261.3

中国版本图书馆 CIP 数据核字(2017)第 115176 号

民用航空热加工设备的高温测量

主　　编:崔玉卉　王　伟　吴岳明　景　坤	
出版发行:上海交通大学出版社	地　　址:上海市番禺路 951 号
邮政编码:200030	电　　话:021-64071208
出 版 人:郑益慧	
印　　制:苏州市越洋印刷有限公司	经　　销:全国新华书店
开　　本:710 mm×1000 mm　1/16	印　　张:7.5
字　　数:144 千字	插　　页:4
版　　次:2017 年 6 月第 1 版	印　　次:2017 年 6 月第 1 次印刷
书　　号:ISBN 978-7-313-17203-7/ V	
定　　价:58.00 元	

大飞机出版工程

丛书编委会

总主编

顾诵芬（中国航空工业集团公司科技委副主任、中国科学院和中国工程院院士）

副总主编

金壮龙（中国商用飞机有限责任公司董事长）

马德秀（上海交通大学原党委书记、教授）

编　委（按姓氏笔画排序）

王礼恒（中国航天科技集团公司科技委主任、中国工程院院士）

王宗光（上海交通大学原党委书记、教授）

刘　洪（上海交通大学航空航天学院副院长、教授）

许金泉（上海交通大学船舶海洋与建筑工程学院教授）

杨育中（中国航空工业集团公司原副总经理、研究员）

吴光辉（中国商用飞机有限责任公司副总经理、总设计师、研究员）

汪　海（上海市航空材料与结构检测中心主任、研究员）

沈元康（中国民用航空局原副局长、研究员）

陈　刚（上海交通大学原副校长、教授）

陈迎春（中国商用飞机有限责任公司常务副总设计师、研究员）

林忠钦（上海交通大学常务副校长、中国工程院院士）

金兴明（上海市政府副秘书长、研究员）

金德琨（中国航空工业集团公司科技委委员、研究员）

崔德刚（中国航空工业集团公司科技委委员、研究员）

敬忠良（上海交通大学航空航天学院常务副院长、教授）

傅　山（上海交通大学电子信息与电气工程学院研究员）

本书编委会

主　编

崔玉卉　上海飞机制造有限公司,质量管理部,工程师

王　伟　上海飞机制造有限公司,质量管理部,工程师

吴岳明　上海飞机制造有限公司,质量管理部,高级工程师

景　坤　上海飞机制造有限公司,质量管理部,工程师

编委会成员

陈进春　上海飞机制造有限公司,科技管理部,研究员及高级工程师

刘仲英　上海英达自控工程成套有限公司,技术顾问

马　伟　上海飞机制造有限公司,理化计量中心,高级工程师

刘晓晗　上海飞机制造有限公司,理化计量中心,工程师

洪艳娜　上海飞机制造有限公司,质量管理部,工程师

魏银苹　上海飞机制造有限公司,质量管理部,工程师

汤晓君　上海飞机制造有限公司,质量管理部,工程师

总　序

　　国务院在 2007 年 2 月底批准了大型飞机研制重大科技专项正式立项,得到全国上下各方面的关注。"大型飞机"工程项目作为创新型国家的标志工程重新燃起我们国家和人民共同承载着"航空报国梦"的巨大热情。对于所有从事航空事业的工作者,这是历史赋予的使命和挑战。

　　1903 年 12 月 17 日,美国莱特兄弟制作的世界第一架有动力、可操纵、比重大于空气的载人飞行器试飞成功,标志着人类飞行的梦想变成了现实。飞机作为 20 世纪最重大的科技成果之一,是人类科技创新能力与工业化生产形式相结合的产物,也是现代科学技术的集大成者。军事和民生对飞机的需求促进了飞机迅速而不间断的发展和应用,体现了当代科学技术的最新成果;而航空领域的持续探索和不断创新,为诸多学科的发展和相关技术的突破提供了强劲动力。航空工业已经成为知识密集、技术密集、高附加值、低消耗的产业。

　　从大型飞机工程项目开始论证到确定为《国家中长期科学和技术发展规划纲要》的十六个重大专项之一,直至立项通过,不仅使全国上下重视起我国自主航空事业,而且使我们的人民、政府理解了我国航空事业半个世纪发展的艰辛和成绩。大型飞机重大专项正式立项和启动使我们的民用航空进入新纪元。经过 50 多年的风雨历程,当今中国的航空工业已经步入了科学、理性的发展轨道。大型客机项目其产业链长、辐射面宽、对国家综合实力带动性强,在国民经济发展和科学技术进步中发挥着重要作用,我国的航空工业迎来了新的发展机遇。

　　大型飞机的研制承载着中国几代航空人的梦想,在 2016 年造出与波音 B737 和空客 A320 改进型一样先进的"国产大飞机"已经成为每个航空人心中奋斗的目标。然而,大型飞机覆盖了机械、电子、材料、冶金、仪器仪表、化工等几乎所有工业门类,集成了数学、空气动力学、材料学、人机工程学、自动控制学等多种学科,是一个复杂的科技创新系统。为了迎接新形势下理论、技术和工程等方面的严峻挑战,迫切需要引入、借鉴国外的优秀出版物和数据资料,总结、巩固我们的经验和成果,编著一套以"大飞机"为主题的丛书,借以推动服务"大型飞机"作为推动服务整个航空科学的切入点,同时对于促进我国航空事业的发展和加快航空紧缺人才的培养,具有十分重要的现实意义和深远的历史意义。

2008 年 5 月,中国商用飞机有限公司成立之初,上海交通大学出版社就开始酝酿"大飞机出版工程",这是一项非常适合"大飞机"研制工作时宜的事业。新中国第一位飞机设计宗师——徐舜寿同志在领导我们研制中国第一架喷气式歼击教练机——歼教 1 时,亲自撰写了《飞机性能及算法》,及时编译了第一部《英汉航空工程名词字典》,翻译出版了《飞机构造学》《飞机强度学》,从理论上保证了我们飞机研制工作。我本人作为航空事业发展 50 年的见证人,欣然接受了上海交通大学出版社的邀请担任该丛书的主编,希望为我国的"大型飞机"研制发展出一份力。出版社同时也邀请了王礼恒院士、金德琨研究员、吴光辉总设计师、陈迎春副总设计师等航空领域专家撰写专著、精选书目,承担翻译、审校等工作,以确保这套"大飞机"丛书具有高品质和重大的社会价值,为我国的大飞机研制以及学科发展提供参考和智力支持。

编著这套丛书,一是总结整理 50 多年来航空科学技术的重要成果及宝贵经验;二是优化航空专业技术教材体系,为飞机设计技术人员培养提供一套系统、全面的教科书,满足人才培养对教材的迫切需求;三是为大飞机研制提供有力的技术保障;四是将许多专家、教授、学者广博的学识见解和丰富的实践经验总结继承下来,旨在从系统性、完整性和实用性角度出发,把丰富的实践经验进一步理论化、科学化,形成具有我国特色的"大飞机"理论与实践相结合的知识体系。

"大飞机"丛书主要涵盖了总体气动、航空发动机、结构强度、航电、制造等专业方向,知识领域覆盖我国国产大飞机的关键技术。图书类别分为译著、专著、教材、工具书等几个模块;其内容既包括领域内专家们最先进的理论方法和技术成果,也包括来自飞机设计第一线的理论和实践成果。如：2009 年出版的荷兰原福克飞机公司总师撰写的 *Aerodynamic Design of Transport Aircraft*（《运输类飞机的空气动力设计》），由美国堪萨斯大学 2008 年出版的 *Aircraft Propulsion*（《飞机推进》）等国外最新科技的结晶；国内《民用飞机总体设计》等总体阐述之作和《涡量动力学》《民用飞机气动设计》等专业细分的著作；也有《民机设计 1 000 问》《英汉航空双向词典》等工具类图书。

　　该套图书得到国家出版基金资助，体现了国家对"大型飞机项目"以及"大飞机出版工程"这套丛书的高度重视。这套丛书承担着记载与弘扬科技成就、积累和传播科技知识的使命，凝结了国内外航空领域专业人士的智慧和成果，具有较强的系统性、完整性、实用性和技术前瞻性，既可作为实际工作指导用书，亦可作为相关专业人员的学习参考用书。期望这套丛书能够有益于航空领域里人才的培养，有益于航空工业的发展，有益于大飞机的成功研制。同时，希望能为大飞机工程吸引更多的读者来关心航空、支持航空和热爱航空，并投身于中国航空事业做出一点贡献。

2009 年 12 月 15 日

前　　言

随着科学技术的发展,对高性能材料和零部件的需求越来越大,从而对材料和零部件加工工艺提出了更高的要求。通过对温度、时间等关键工艺参数的控制,热加工过程可赋予材料预期性能,而在热加工过程中,温度控制对材料性能的影响起到至关重要的作用。高温测量是对热加工设备进行温度测试和校准,以确保零部件和原材料在热加工过程中的温度得到有效控制,是热加工过程中非常重要的环节。为保证热加工产品的质量需进行合格的高温测量,国内外航空、航天、国防工业等均将高温测量视为热加工工艺的基础规范。从最初国内航空制造业参与的转包项目到航空、航天、船舶、兵器等大量新产品的研制与生产,均需要对热加工过程进行精准控制,从而需要合格的高温测量作为热加工工艺正常进行的基础和保证。

高温测量过程主要涵盖了各类温度传感器和仪表的校准,以及对热加工设备的系统精度测试(system accuracy test,SAT)和温度均匀性测试(temperature uniformity survey,TUS)。通过关键工艺参数的控制,热加工可赋予材料预期性能,而高温测量是保障热加工过程控制的基础和核心,是从原材料供应商到零部件制造商对整个热加工过程进行系统控制的规范。本书对热处理、表面处理、复合材料加工等工艺过程涉及的热加工设备的温度传感器、温度仪表、系统精度和温度均匀性测试的初次和定期校准、审批以及在进行以上校准时所使用的设备和传感器的要求做出了详细规定。

本书第1章是高温测量的概论。

本书第2章重点介绍了民用航空零部件生产过程中使用的温度传感器的分类、工作原理、选用依据,并对使用过程中不同类型和等级测试热电偶与工艺热电偶的更换和校准周期、校准方法、校准过程中使用的校准设备及热电偶延长线的选用做了详细的介绍。第3章介绍了高温测量过程中涉及的测试和工艺仪表的定义、分类、仪表类型、校准方法及原理、误差计算、校准周期、精度和分辨率要求及记录仪表的分辨率要求。对温度的量值的传递与溯源也做了简单介绍。第 4 章主要介绍热加工设备，包括热加工设备的等级划分、调试、温度测试方法、补偿方法，对热加工过程中使用的特殊设备包括冷藏设备、真空炉和实验室炉具做了单独介绍。第 5 章主要对设备的系统精度测试和温度均匀性测试的实施做了详细说明。对系统精度和温度均匀性测试过程中的测试设备、测试过程、测试周期、测试过程中出现的特殊情况及测试结果必须包含的信息等做了明确介绍。第 6 章主要总结了作者在工艺评审工作过程中遇到的及国家航空航天和国防合同方授信项目（National Aerospace and Defense Contractors Accreditation Program，NADCAP）评审高温测量项目最常出现的问题及纠正措施。

本书涵盖了 NADCAP 评审过程中高温测量项目评审相关的大部分要求，可用作 NADCAP 高温测量项目评审的参考资料。对高温测量过程中涉及的热电偶测试报告、仪表测试报告、系统精度和温度均匀性测试报告、各国的补偿导线对照表举例在附录中做了说明。

本书编写初衷是侧重实际生产过程高温测量中需要注意的关键点和对常见问题进行梳理，对现场测试测量过程具有一定的指导意义。

本书在编写过程中力求理论与实践经验相结合，做到既有理论论述，也有工艺实践；以工艺实践为重点，保持适当的理论深度和广度，同时在论述过程中力求做到避虚务实。

限于编者水平，书中存在的不足恳请读者批评指正。

编者

2017 年 4 月

目　　录

1　高温测量概论　1

2　高温测量过程中的温度传感器　2
  2.1　热电阻的定义和分类　2
  2.2　热电偶的原理和组成　3
  2.3　热电偶的分类　4
  2.4　热电偶的选用　7
  2.5　热电偶使用周期及更换　10
    2.5.1　测试热电偶的更换　10
    2.5.2　工艺热电偶的更换　12
    2.5.3　装载热电偶的更换　14
    2.5.4　辐射测试热电偶的更换　15
  2.6　热电偶的校准　15
    2.6.1　实验室用热电偶的校准设备　16
    2.6.2　易耗型热电偶的校准　16
    2.6.3　非易耗型热电偶的校准　18
  2.7　热电偶的补偿导线(延伸/引线)　18

3　高温测量过程中的仪表　20
  3.1　温度仪表的定义　20
  3.2　温度仪表的分类　20
  3.3　仪表类型　21
  3.4　仪表的标准校准方法及原理　25
    3.4.1　仪表标准校准方法原理　25
    3.4.2　仪表标准校准方法　26
    3.4.3　仪表误差的计算　26

3.5 仪表的校准周期及技术要求 27

3.6 记录仪的分辨率要求 30

3.7 温度量值的传递与溯源 31

4 热加工设备 34

4.1 热加工设备的等级 34

4.2 热加工设备的调试 34

4.3 热加工设备的温度测试 35

4.4 热加工设备补偿方法 37

4.5 冷藏设备 38

4.6 真空热处理炉 38

　　4.6.1 真空炉的热电偶布置和区域划分 39

　　4.6.2 真空炉测试 40

4.7 实验室炉子 41

5 高温测量的实施 42

5.1 系统精度测试 42

　　5.1.1 系统精度测试设备及测试偶分布 42

　　5.1.2 系统精度测试过程 43

　　5.1.3 设备系统精度测试周期 44

　　5.1.4 系统精度测试不合格及处理 45

　　5.1.5 系统精度测试的免除 46

　　5.1.6 系统精度测试的替代 46

　　5.1.7 系统精度测试结果 46

　　5.1.8 系统精度测试报告 47

5.2 温度均匀性测试 48

　　5.2.1 温度均匀性测试基本要求 48

　　5.2.2 温度均匀性测试过程 48

　　5.2.3 设备温度均匀性测试周期 53

　　5.2.4 温度均匀性测试中的特殊情况 54

　　5.2.5 温度均匀性测试报告 60

6 高温测量常见问题关注及分析 62

6.1 高温测量常见问题关注 62

6.2 高温测量问题分析 65

附录 67

　　附录1　工艺热电偶测试报告样表　67

　　附录2　仪表测试报告样表　68

　　附录3　系统精度测试报告样表　73

　　附录4　某井式回火炉的温度均匀性测试报告样表　74

　　附录5　某热压罐温度均匀性测试报告　80

　　附录6　某真空炉温度均匀性测试报告　85

　　附录7　各国补偿导线对照表　91

参考文献 95

索引 96

1 高温测量概论

温度是物体冷热程度的表示，是一个非常重要却不能直接进行测量的物理量，只能借助于温度变化引起的其他物理量的变化间接地测量。生产过程中常采用热电偶、热电阻、导体、半导体、光纤等组合成的温度测量装置，按一定规则和要求进行温度测量，以保证制造过程满足工艺要求。

高温测量是热加工的生产过程质量保证的一种重要手段，贯穿于企业生产经营活动当中，在保证产品质量、降低成本、降低次品率和废品率等多个方面发挥着重要作用。在国军标评审、国家航空航天和国防合同方授信项目（National Aerospace and Defense Contractors Accreditation Program，NADCAP）评审、美国联邦航空管理局（Federal Aviation Administration，FAA）评审、法国国际检验局（Bureau Veritas，BV）评审、实验室建标等各种体系评审中，高温测量都占有较大比重，所以高温测量工作也是保障公司质量体系正常运转的重要手段之一。NADCAP 是性能审查协会（Performance Review Institute，PRI）针对航空航天工业的特殊产品和工艺进行认证的体系，是国际间公认的非营利性的标准制定项目组织，其宗旨是以通过的第三方认证解决方案代替各自对供应商进行重复的特种工艺审查认证，以有效地降低其供应商发展成本和潜在风险。目前该审核涵盖了从电子产品到流动分销体系，从化学测试到材料测试，从焊接工艺到热加工程序等多个环节。在民用航空制造领域，NADCAP 体系评审得到国际上各制造商的普遍认可。包括波音、空客、罗罗、GE、普惠、霍尼韦尔等大型航空航天工业厂商在内的几乎世界上所有的航空工业主承包商都已加入 NADCAP 项目。来自这些公司的技术专家在 NADCAP 定期召开的会议中共同讨论和制定针对特种工艺的审核要求，最终获得为行业所一致认可的统一审核标准。只要供应商能够完全满足这些标准，就可以实现对生产过程更好的监管、降低不合格零件出现的概率，并提升对其产品质量的信心。国内民用飞机制造业的发展过程中应积极参与 NADCAP 国际体系认证，学习和借鉴国际航空制造企业先进的生产和管理经验。高温测量作为 NADCAP 评审体系评审中的重要环节和组成部分，是民航类企业通过 NADCAP 评审体系认证的前提。

综上所述，高温测量，包括热加工设备中温度传感器、温度仪表的初次和定期校准、系统精度测试和温度均匀性测试，是 NADCAP 审批和发证过程中需要特别关注的一个环节，对企业的日常生产和研发创新活动都具有非常重要的作用。

2 高温测量过程中的温度传感器

高温测量即选择合格的温度传感器和仪器仪表对热加工设备进行系统精度测试和温度均匀性测试。高温测量的实施中应使用经过校准的温度传感器和仪器仪表,且系统精度测试和温度均匀性测试的周期及测试过程中的精度应符合相应规范的要求。本章首先对民用航空制造业高温测量过程中所用到的传感器做详细介绍。

常用温度传感器主要包括热电偶、热电阻、导体、半导体、光纤等,生产过程中应根据工艺要求选择合适的传感器。民用航空制造企业常用传感器主要包括热电偶和热电阻,其主要优缺点对比如表 2-1 所示。

表 2-1 热电偶和热电阻的优缺点对比

性能 \ 类型	热 电 偶	热电阻(RTD)
准确度	略差	高
稳定性	不稳定	稳定
线性	非线性	线性优于热偶
价格	便宜	贵
适用温度	宽温度范围	−200~500℃

2.1 热电阻的定义和分类

热电阻温度计通常是由热电阻(感温元件构成的相应部分)、连接导线和测温仪表等组成。在计量部门电阻温度计单指热电阻,而不包括导线与测温仪表,且该热电阻由电阻体(也称为感温元件、敏感元件)、引出线、绝缘套管等组成。工作原理为将热电阻置于被测物体(或环境)中,其敏感元件的电阻值将随物体的温度变化而变化,并且会产生一个确定的数值。若已知热电阻的阻值与温度的对应关系,便可用仪表通过电阻值的测量达到测量温度的目的。

热电阻温度计具有温度范围比较宽、测量精度高的特点,广泛用于测量 −200~500℃ 之间的温度,与热电偶相比其制造工艺较为复杂、响应时间慢。在国际实用温标中,标准铂电阻温度计还可作为 13.81~630.74℃ 之间的内插仪器。常用热电阻主要有:精度高、稳定性好的铂电阻;易提纯、价格便宜的铜电阻和其他热电阻,如铟电阻、锰电阻、碳电阻、半导体热电阻和合金热电阻等。

与热电阻相比,热电偶可直接与被测对象接触,不受中间介质的影响,可测量的最高温度高,它仅由两种不同的金属丝组成、构造简单,不受大小的限制,使用方便等,在民用航空热加工设备和工艺中应用更为广泛,故本章主要对热电偶作详细介绍。

2.2 热电偶的原理和组成

热电偶是根据热电效应测量温度的传感器,是温度测量仪表中常用的测温元件。热电偶是由两种不同的导体材料 A、B 组成的闭合回路,如图 2-1 所示。如果使两个接点 1、2 处于不同的温度,回路中就会产生电动势,即"塞贝克温差电动势",简称"热电势",记为 E_{AB}。导体 A、B 称为热电偶的热电极。如果在接点 2 电流是从导体 A 流向导体 B,则 A 称为正极,B 称为负极。接点 1 通常是用焊接法连在一起的,使用时置于测温场所,故称为测量端(或工作端 T)。接点 2 要求恒定在某一温度下,称为参考端(自由端 T_0)。热电势的大小与导体的材料和两端的温度有关,不同导体材料产生热电势的大小不同。当导体材料一定时,两端的温度差越大,产生的热电势越大,而且热电势的大小不受导体长短和直径大小的影响。

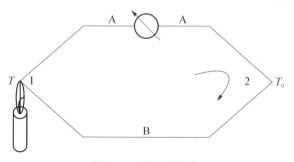

图 2-1 塞贝克效应

热电偶的组成通常包括热电极(偶丝)、绝缘材料(绝缘管)、保护管(壳体和外壳)、接线盒、传感器插头和补偿导线。为了保证热电偶的正常工作应满足以下要求:热电偶测量端焊接要牢固;热电极间必须有良好的绝缘;参考端与导线的连接要方便、可靠;在用于对热电极有害介质的测量时要用保护套管,将有害介质完全隔离。

制成热电偶的电极材料需满足:配置成的热电偶应有较大的热电势,并且其热电势与温度之间最好呈线性关系或近似线性的单值函数关系;能在较宽的温度范围内应用,并且在长期工作后物理化学性能与热电特性都较稳定;电导率要高,电阻温度系数和热容要小;易于制作,工艺性与互换性要好,便于制订统一的分度表;材料要有韧性,焊接性能好,以利于热电偶的制作;资源丰富,价格低廉。

使用过程中热电偶的工作端和补偿端要避开强磁场和强电场,补偿导线应装入接地的金属管中,应安装于能正确反映热加工设备温度的位置,插入深度一般不小于保护管直径的 8~10 倍。热电偶使用时要避免急冷急热,以防保护管破裂。并确认热电偶在使用时为有效合格校准状态。

2.3　热电偶的分类

热电偶是根据热电性测量温度的传感器,是温度测量仪表中常用的测温元件。热电偶具有测温过程不受中间介质影响,测量范围广,制作材料种类多,构造简单,使用方便等优点,广泛用于热加工设备的温度测量。不同类型热电偶的材料成分和使用温度范围如表 2-2 所示。常用热电偶的分类方法主要有以下几种。

1) 根据应用分类

工艺热电偶:热加工设备的一部分,安装于热加工设备上,用于控制、检测或记录设备内的温度。

测试热电偶:对热加工设备进行系统精度测试、温度均匀性测试时所需要使用的热电偶。

装载热电偶:用于测量热加工设备中的零件、模拟零件或者原材料温度的热电偶。

2) 根据偶丝材料分类(见表 2-2)

廉金属热电偶:主要由廉金属及其合金组成的热电偶,包括 K、J、N、E 和 T 型。

贵金属热电偶:主要由贵金属(如铂、铑)及其合金组成的热电偶,包括 R、S 和 B 型。

表 2-2　常用热电偶材料成分(质量比)

类型	热 电 偶 材 料 成 分	使用温度范围/℃
E	阳极为镍铬合金(90%镍,10%铬),阴极为铜镍合金(45%镍,55%铜)	−200~870
J	阳极为铁,阴极为铜镍合金(45%镍,55%铜)	0~760
K	阳极为镍铬合金(90%镍,10%铬),阴极为镍基合金(95%镍,5%铝和硅)	−200~1 250
N	阳极为镍铬硅合金(镍,14%铬,1.5%硅),阴极为镍硅镁合金(镍,4.5%硅,0.1%镁)	−263~1 300
T	阳极为铜,阴极为铜镍合金(45%镍,55%铜)	−200~350
R	阳极为铂铑合金(87%铂,13%铑),阴极为纯铂金	0~1 450
S	阳极为铂铑合金(90%铂,10%铑),阴极为纯铂金	0~1 450
B	阳极为铂铑合金(70%铂,30%铑),阴极为铂铑合金(94%铂,6%铑)	0~1 700

3）根据使用过程的易耗程度分类

热电偶可分为易耗型热电偶和非易耗型热电偶。

易耗型热电偶是由纤维或塑料包裹的导线制成的热电偶。该导线通常成卷缠绕在线轴上,并覆盖由玻璃纤维或陶瓷布制成的绝缘层,常用易耗热电偶如图2-2、图2-3所示。易耗型热电偶的种类很多,结构和外形也不尽相同,但组成基本一样,通常是由热电极(电偶丝),绝缘材料(绝缘管),保护管(壳体、外壳)和接线盒等组成。

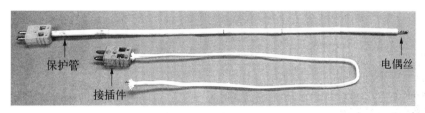

图2-2 常用带接插件的易耗型热电偶

J 型热电偶   N 型热电偶   K 型热电偶   T 型热电偶

图2-3 常用卷线状易耗型热电偶

选用带有接插件的热电偶时,在使用过程中应注意:

（1）选用与热电偶分度号相同的接插件。

（2）上下对接插件,应在相同的环境下使用。

（3）接插件抗震性好,防止松动。

（4）暂不使用时应将接插件密封,以防其受到污染或在空气中被氧化,从而造成测量误差。

由陶瓷绝缘材料覆盖于热电偶裸线,或由热电偶导线、矿物质绝缘层以及小直径的金属保护套组合而成的热电偶称为非易耗型热电偶或铠装热电偶,常用非易耗型热电偶如图2-4所示。非易耗热电偶主要分为接地接点型[见图2-5(a)],外露接点型[见图2-5(b)],非接地(绝缘)接点型[见图2-5(c)]三种。接地接点型热电偶连接点焊接到保护套上,响应时间较快,可用于测量静态或流动气氛的温度以及在高压场合应用,但耐腐蚀性能较差。外露接点型热电偶连接点超过了金属保护套,因此响应时间最快。在空气介质中,可作为装载偶使用,但是耐腐蚀性能和抗干扰性能差。推荐对护套绝缘层端口进行密封,以防止水分或气体渗入而产生误差。非接地(绝缘)接点型响应时间慢,但是抗干扰性能好、耐腐蚀性能好。可在腐蚀性环境中进行使用,既可作为工艺热电偶,又可作为测试热电偶使用,因此应用广泛。若工艺热电偶需要提高耐压、耐干扰性能,需选择特殊形式的保护。

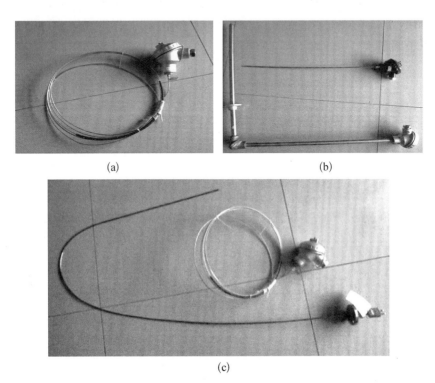

(a)　　　　　　　　　　　(b)

(c)

图 2-4　常用非易耗型热电偶

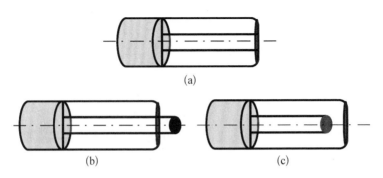

(a)

(b)　　　　　　　　　　　(c)

图 2-5　非易耗型热电偶(铠装热电偶)的原理和分类
(a) 接地接点型　(b) 外露接点型
(c) 非接地(绝缘)接点型

2.4　热电偶的选用

正确的选择和维护用于持续测量过程的热电偶,是工艺控制成功的基础。选择正确的热电偶,需要综合考虑多方面的性能参数,包括热电偶的响应时间、热电偶的最高和/或最低工作温度、热加工设备的工作环境、工艺规范的要求和允许的误差、期望的测量过程时间、期望的热电偶寿命、成本限制、使用人员管理热电偶的经验等。根据经验,对于工艺热电偶和测试热电偶的选择有如下建议。

(1) 工艺热电偶通常选择非易耗型热电偶;测试热电偶通常选择易耗型热电偶。

(2) 根据使用温度选择热电偶。当使用温度为 $-200\sim300℃$ 时,最好选用 T 型热电偶,它是廉金属热电偶中准确度最高的热电偶;也可以选择 E 型热电偶,它是廉金属热电偶中热电动势率最大、灵敏度最高的热电偶。使用温度为 $0\sim400℃$ 时,可选用 J、K 型热电偶;使用温度为 $300\sim1\,200℃$ 时,可选用 K、N 型热电偶;当使用温度为 $1\,000\sim1\,400℃$ 时,可以选用 R、S 型热电偶;当使用温度为 $1\,400\sim1\,800℃$ 时,可以选用 B 型热电偶,短期可选用 S 型热电偶;当使用温度高于 $1\,600℃$ 时,可选用钨铼热电偶。

(3) 根据使用气氛选择热电偶。在氧化性气氛中使用,当使用温度 $<1\,300℃$ 时,常选用廉金属热电偶,如 K、N 型热电偶,它们是廉金属热电偶中抗氧化性最好的;当使用温度高于 $1\,300℃$ 时,选用铂铑系热电偶。在真空、还原性气氛中使用,当使用温度 $<950℃$ 时,多选用廉金属热电偶,如 J 型热电偶,它既可以在氧化性气氛下工作,又可以在还原性气氛中使用;当使用温度高于 $950℃$ 时,可以选用 S 型和 B 型热电偶。

(4) 根据热电偶的直径与长度。热电偶直径和长度的选择是由热电极材料的价格、电阻、测温范围及力学强度决定的。实践证明,热电偶的使用温度与热电偶偶丝直径有关,表 2-3 为不同类型热电偶在直径分别为 3.3、1.6、1.0、0.8、0.5、0.3 和 0.25 mm 时在裸露状态和有保护状态的使用温度。从表中可以看出选择粗直径的热电偶丝,可以提高热电偶的使用温度。但较粗的直径会增加热电偶的响应时间,测量过程需要快速反应时,必须选用细直径的电偶丝,且测温端越小越灵敏。若热电偶偶丝直径选择过细,会使测量电路的电阻值增大,如采用动圈式仪表时更应注意,若阻值匹配不当将直接影响测量结果的准确度,但对高阻抗数字仪表无影响。热电偶长度的选择是由安装条件,主要是由插入深度决定的。热电偶偶丝直径与长度,虽不影响热电动势的大小,但是与热电偶的使用寿命、动态响应特性及线路电阻直接相关,故选用过程中应综合考虑,其中系统精度测试和温度均匀性测试一般使用直径 $\phi=0.50\sim0.8$ mm 的热电偶作为测试热电偶。

表 2-3 不同类型热电偶的使用温度与直径的关系

热电偶类型	热电偶状态	直径/mm						
		3.3	1.6	1.0	0.8	0.5	0.3	0.25
		℃	℃	℃	℃	℃	℃	℃
N	裸露	1 100	1 010	960	930	890	840	800
	有保护	1 250	1 180	1 110	1 040	1 000	950	910
K	裸露	1 050	930	900	860	800	750	710
	有保护	1 150	1 080	1 050	970	910	860	820
E	裸露	890	800	750	700	660	620	580
	有保护	1 000	910	860	810	770	730	690
J	裸露	760	760	720	680	650	600	560
	有保护	760	760	760	760	760	710	670
T	裸露	—	400	360	320	280	250	220
	有保护	—	450	410	370	330	300	270

(5) 根据响应时间选择热电偶。响应时间又称为热电偶时间常数，是指热电偶响应温度上的变化所需的时间，是确定系统响应时间的重要组成因素。热电偶的响应时间由其结构决定，可通过特定的方法测得，常用的方法为将热电偶放入快速流动的不同温度的热水中进行测定。非接地接点型铠装热电偶从 20℃ 的空气放入沸水的响应时间与直径(本节内为护套外径，下同)的关系如图 2-6 所示，同条件下测得同直径接地接点型铠装热电偶的响应时间约为非接地接点型铠装热电偶响应时间的 50%。从图中可以看出，热电偶直径越大，响应时间越长。

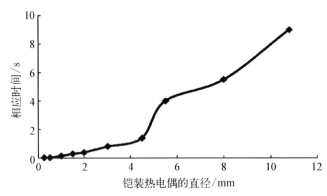

图 2-6 非接地接点型铠装热电偶直径与响应时间的关系

(6) 根据其他参考因素进行选择。长期用于在硝盐炉测温的热电偶，为了确保工艺偶和测试偶有较长的使用寿命，建议采用非易耗型(耐久型)热电偶。为避免热电极丝与气氛或绝缘管及保护管间反应，导致热电极短路而引入误差甚至无法测量情况的发生，必须选择适当的绝缘物。一般绝缘材料可以分为有机和无机绝缘材料(见表2-4和表2-5)。处于高温端的绝缘物必须采用无机物。

保护管在1 000℃以下常选用黏土质绝缘瓷管;在1 300℃以下常选用高铝质绝缘瓷管;在1 800℃以下常选用刚玉质瓷管;2 000℃以下可选用BN。保护管材料选择也非常重要,例如,表面处理槽采用的非易耗型(耐久型)热电偶,所采用的金属保护管材质为316型奥氏体不锈钢,即18Cr-12Ni-Mo不锈钢,因成分中含钼,故耐热、耐酸碱侵蚀性能优良。常见的金属保护管材质和表2-6所示,安装形式有:简易直杆式、固定螺纹式、可动法兰式、固定法兰式等。

表2-4 有机绝缘材料

材料 性能	天然橡胶	聚乙烯	聚氟乙烯	棉纱	聚全氟乙烯	聚四氟乙烯	氟橡胶	硅橡胶
最高使用温度/℃	60~80	80	90	100	200	250	250~300	250~300
抗湿性	良	良	良	次	良	良	良	良
耐磨性	良	良	良	次	良	良	良	良

表2-5 无机绝缘材料

种 类	熔点/℃	特 点
MgO	2 300	主要作为铠装热电偶的绝缘材料(粉末)
Al$_2$O$_3$	2 050	多用在1 800℃以下的热电偶绝缘材料
BeO	2 550	使用温度可至2 100℃,是金属氧化物中绝缘电阻最高的,但BeO粉末毒性很强,在操作时必须注意
ThO$_2$	3 300	在高温下化学性能最稳定,同金属几乎不反应。使用温度超过2 000℃,但因具有微弱的放射性而未采用
BN	3 000 (升华或分解)	在N$_2$或分解NH$_4$中使用温度可到3 000℃,不软化,绝缘性好,导热性好,1 000℃以下不氧化

表2-6 金属保护管材质及选用

材 质	使用温度/℃	特 点 及 用 途
1Cr18Ni9Ti	-200~800	具有高温耐蚀性,通常作为一般耐热使用
304	-200~800	低碳含量,具有良好耐晶间腐蚀性,通常作为一般耐热使用
316	-200~750	低碳含量,具有良好耐晶间腐蚀性,通常作为耐热使用
316L	-200~750	超低碳含量,具有良好耐晶间腐蚀性,通常作为耐热使用
310S	-200~1 000	具有高温抗氧化性,耐腐蚀性,通常作为耐热使用
GH3030	0~1 100	镍基高温合金钢,具有优良抗氧化性,耐腐蚀性,通常作为耐热使用

2.5 热电偶使用周期及更换

热电偶经过一段时间使用后,由于热电极的高温挥发、晶粒组织变化、氧化腐蚀等原因,常出现老化变质,称为热电偶的劣化。热电偶的劣化会使得其热电特性改变,造成测温误差,为此必须准确推断劣化程度以便维修,同时要定期检定,以保证精确测量。

2.5.1 测试热电偶的更换

热处理、锻造工艺设备使用的易耗型廉金属测试热电偶的更换周期如表 2−7 所示。当在 260℃ 及以上温度使用时热电偶的插入深度必须等于或超过先前的插入深度(N 型热电偶不适用),如使用固定在测温架上的热电偶进行测温时,插入深度视为相等。一支热电偶的一个加热和冷却循环算作一次使用。目前航空制造业热处理过程中使用的易耗型和非易耗型测试热电偶的使用次数和更换周期如表 2−7 和表 2−8 所示,未来将逐步朝 AMS 2750 中相关要求靠拢。

表 2−7　热处理、锻造工艺设备使用的易耗型廉金属测试热电偶的更换周期

使用温度 T/℃	使用次数
$T<149$	从第一次使用开始不超过 6 个月(对于固定于测温架上且保护良好的易耗型热电偶最长不超过 1 年),或使用次数不超过 20 次
$149{\leqslant}T<260$	第一次使用开始不超过 3 个月(对于固定于测温架上且保护良好的易耗型热电偶最长不超过 1 年),且最多可使用 20 次
$260{\leqslant}T<538$	第一次使用开始不超过 3 个月(对于固定于测温架上且保护良好的易耗型热电偶最长不超过 1 年),且最多可使用 10 次
$T{\geqslant}538$	使用 1 次

注:表面处理、复合材料、金属胶结工艺设备廉金属热电偶应从第一次使用开始不超过 3 个月,或使用次数不超过 30 次。

表 2−8　热处理、锻造工艺设备使用的非易耗型廉金属测试热电偶的更换周期

使用温度 T/℃	使用次数
$T<260$	从第一次使用开始不超过 3 个月,固定于测温架上且保护良好的非易耗型廉金属测试热电偶校准周期为 1 年,且最多可使用 20 次
$260{\leqslant}T{\leqslant}538$	从第一次使用时不超过 3 个月,固定于测温架上且保护良好的非易耗型廉金属测试热电偶校准周期为 1 年,且最多可使用 10 次

注:538℃ 以上除 N 热电偶型可使用 10 次外,其他型号热电偶最多使用 1 次。

表 2−8 为热处理、锻造工艺设备使用的非易耗型测试廉金属热电偶更换周期。非易耗型廉金属热电偶的使用次数或时间达到后如继续使用则需重新校准。仅限于 J 型、N 型非易耗型廉金属热电偶,以及在 260℃ 以下使用的 E 型、K 型非易耗型廉金属热电偶可以复校。重新校准的热电偶,在使用的温度范围内至少每隔 83℃

作为一个校准点。校准时可采用比较法,应满足表 2-9 对热电偶的相关要求,且每个校准温度点的修正值偏离首次校准的修正值不能超过 0.6℃。当在 260℃ 及其以上温度使用的热电偶,插入深度必须等于或超过先前的插入深度(N 型不适用)。如果使用测温架,其插入深度视为相等。对于 B、S、R 贵金属热电偶的非易耗型热电偶校准周期为 6 个月,精度需满足表 2-9 的要求,使用次数按表 2-8 进行控制。

表 2-9　温度传感器的要求

| 传感器 | 传感器类型[a] | 用　途 | 校　准 | | 最大允差[b] |
			周期	校准标准	
基准标准温度传感器	R 和 S 型贵金属热电偶、铂电阻	校准一等标准传感器	2 年	国家计量基准/国际计量基准	±0.4℃
一等标准温度传感器	R 和 S 型贵金属热电偶、铂电阻	校准二等标准传感器	1 年	基准标准温度传感器	±0.6℃
二等标准温度传感器	R 和 S 型贵金属热电偶、铂电阻	校准工艺传感器	1 年	一等标准温度传感器	±1.0℃
温度均匀性测试(TUS)传感器	R、S 和 B 型贵金属热电偶、廉金属热电偶、工业铂电阻	温度均匀性测试(TUS)	B、R、S 贵金属热电偶;6 个月廉金属热电偶[c]	一等标准温度传感器	±1.1℃ 或 0.4%
系统精度校验(SAT)传感器	R、S 和 B 型贵金属热电偶、廉金属热电偶、工业铂电阻	系统精度校验(SAT)	B、R、S 贵金属热电偶;6 个月廉金属热电偶[d]	一等标准温度传感器	贵金属:±1.0℃ 或±0.25% R、S 型:±0.25% B 型:±0.5% 廉金属:±1.1℃ 或±0.4%
控制、监视和记录传感器	贵金属热电偶、廉金属热电偶、工业铂电阻	安装在设备上,用于控制、监视和记录温度	第一次使用前[c]	一等或二等标准温度传感器	1～2 等设备:±1.1℃ 或±0.4% 3～7 等设备:±2.2℃ 或±0.75%
装载传感器	贵金属热电偶、廉金属热电偶、工业铂电阻	装载传感器	B、R、S 贵金属热电偶;6 个月廉金属热电偶[e]	一等或二等标准温度传感器	1～2 等设备:±1.1℃ 或±0.4% 3～7 等设备:±2.2℃ 或±0.75%

a 允许使用具有同等或更高精度(最大允许误差)的温度传感器,其校准周期和校准方法按照本规范进行。

b 读数的百分比数或以摄氏度为单位的修正值,取较大者。

c 对于不便拆卸的传感器和热敏电阻,可以以系统精度校验的方法进行整体较准或参考 JJF 1379《热敏电阻测温仪校准规范》的方法进行整体校准,但是校准点至少包含热加工设备合格的工作温度范围的最低点,中间点(该点可在工作温度范围的 1/3 处至 2/3 处范围内的任意一点)和最高点进行校准,且校准间隔不应超过 140℃;或是在该炉子的所有工艺点进行校准,并根据 2.5.2 节的要求进行更换。

d 温度均匀性和系统精度校验廉金属热电偶的校准周期要求见 2.5.1 节。

e 装载传感器的校准要求见 2.5.3 节。

禁止使用任何绝缘层破损的热电偶,允许剪掉破损部分重新制作热端(包括 K 型、E 型暴露在 260℃ 以上部分),修补之后的热电偶如果整体都未经过热循环,可将其看作尚未使用的热电偶而重新计算其使用次数;如果有一部分经过了热循环,修补之前使用次数应并入修补后热电偶总的使用次数之中。若被修补的热电偶源自一个校准过的线圈,则修补后热电偶的修正值可以采用线圈原校准证书中的数据。

热电偶的使用次数和周期的控制在任何高温测量程序中均有明确要求,以国际通用 AMS2750 为例,采用的"U"系数计算方法。"U"系数计算是一个用来计算易耗型廉金属测试热电偶可以重新使用次数的计算方法,若按照式(2-1)计算得出的"U"系数不超过 30,则该热电偶可重新使用。

$$U = 650℃ \text{ 下的使用次数} + 2 \times 650 \sim 980℃ \text{ 间的使用次数} \qquad 式(2-1)$$

"U"系数仅适用于廉金属易耗型系统精度测试或温度均匀性测试热电偶。K 型和 E 型热电偶重复使用时,温度应不超过 260℃,插入深度应不小于前一次使用时的插入深度。使用温度在 980℃ 以上时,易耗型廉金属测试偶只能使用一次。如需进一步了解"U"系数的具体计算方法,可参考 AMS2750 版相关内容,不建议对易耗型廉金属热电偶重复校准,故不做详细介绍。同时建议热电偶的使用次数和周期的控制要求,不但要依据行业标准,同时要考虑到客户规范的详细要求,取严者执行。

2.5.2　工艺热电偶的更换

工艺热电偶应安装在热加工设备的工作区内或尽可能靠近工作区的位置。与热电偶连接的补偿导线不能拼接,但允许使用具有对应热电偶热电特性的接线器、插头、插座和终端进行连接。温度均匀性测试后设备内温度如出现整体偏移,可通过适当调整控温偶的位置来进行调节。对于采用多区控温的热加工设备,可以采用多点记录仪记录设备内的工作温度和时间变化过程。如图 2-7 所示,工艺热电偶的测温端 8 布置在热处理炉的工作区内部。

工艺热电偶使用过程中可根据使用的历史经验及时更换。当发现工艺热电偶存在破损而不能使用,或出现由于工艺热电偶原因引起的系统精度不合格时需立即更换。

工艺热电偶更换的简便方法如下:

(1)通过标准信号源测试出补偿导线及工艺仪表在工艺温度范围内的综合误差,接线方法参照图 2-8。由该综合误差和航空工业对热加工设备系统精度的要求相比较,计算得出工艺热电偶的修正值范围,根据该修正值范围可初步选择工艺热电偶。

(2)按如图 2-9 所示将选择的工艺热电偶与热加工设备的工艺仪表连接,工作标准热电偶或标准铂电阻与温度采集仪相连,将选择的工艺热电偶和工作

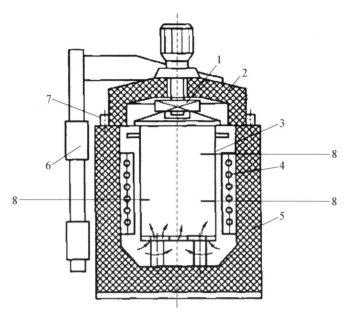

图 2-7　工艺热电偶在热处理炉中的位置

1—风扇；2—炉盖；3—装料筐；4—加热元件；5—炉衬；
6—炉盖启闭机构；7—砂封；8—工艺热电偶

标准热电偶或标准铂电阻放入同一干井炉中，并保证测量端在相同水平面上（见图 2-9）。将干井炉温度设定为热加工设备工艺温度范围内的待检温度点。待温度稳定后，若工艺热电偶连接的工艺表的最终示值与标准测温系统示值修正值 X_0 的偏差记为 X_i，若 $|X_i| > |$系统精度容差$|$，则判定该工艺系统精度不合格。将工艺仪表的信号端断开，对工艺仪表进行校准并记录其偏差值 X_1。如果仪表有补偿功能，可以设置补偿值使得设备工艺系统精度误

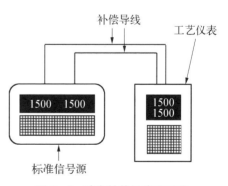

图 2-8　确定补偿导线和工艺
仪表综合误差

差 $|X_{ii}| < X_1$（该修正值只适用于该工艺点），此方法可以改良系统精度，使其在该测温点满足系统精度要求。如果仪表没有修正功能，或是工艺要求不允许仪表使用补偿，则对工艺热电偶进行校准，并记录其偏差值 X_2。如果工艺热电偶不满足其工艺精度要求，则替换工艺热电偶。如果工艺热电偶满足其工艺精度要求，则计算补偿导线的修正值 $X_3 < X_i + X_0 - X_1 - X_2$；若补偿导线的修正值满足工艺要求，则更换工艺传感器；若补偿导线的修正值不满足工艺要求，则更换补偿导线。

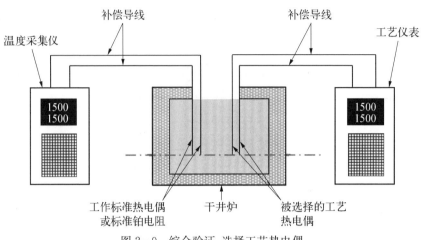

图 2-9　综合验证、选择工艺热电偶

（3）将更换过的工艺热电偶及补偿导线与热加工设备的工艺仪表进行连接，重新进行系统测试，看测试结果是否满足系统精度要求。

2.5.3　装载热电偶的更换

装载热电偶是附着于生产材料或与生产材料接触或埋置于生产材料中的测试传感器，作为生产材料的表征，提供生产过程中材料的实际温度。

装载热电偶主要用于热工艺过程中零件温度的测量，使用时禁止对廉金属装载热电偶进行重新校准，贵金属装载热电偶的复校周期如表 2-9 所示。使用温度低于 149℃ 的易耗型廉金属装载热电偶应从第一次使用开始不超过 6 个月，或使用次数不超过 20 次；使用温度在 149～260℃ 时，应从第一次使用开始不超过 3 个月，且最多可使用 20 次；使用温度在 260～538℃ 时，应从第一次使用开始不超过 3 个月，且最多可使用 10 次。固定于测温架上且保护良好的易耗型廉金属热电偶使用时间最多不超过 1 年。对于非易耗型廉金属装载热电偶，使用温度低于 260℃ 时，应从第一次使用开始不超过 3 个月，且最多可使用 20 次；使用温度在 260～538℃ 时，应从第一次使用开始不超过 3 个月，且最多可使用 10 次；使用温度 538℃ 以上除 N 型可以使用 10 次以外，其他型号热电偶使用次数不超过 1 次；固定于测温架上且保护良好的非易耗型廉金属热电偶校准周期为 1 年或其最大使用次数；非易耗型热电偶做装载偶时不允许重新校准。表面处理、复合材料、金属胶接工艺设备使用的装载热电偶，应从第一次使用开始不超过 3 个月，或使用次数不超过 30 次。热压成型设备使用的装载热电偶（即控制加热板或模具温度的热电偶）的更换，应按照工艺热电偶的方法控制，具体参见 2.5.2 节。使用温度在 260℃ 及以上的热电偶，插入深度必须等于或超过先前的插入深度（N型不适用）。

装载热电偶作为控制热电偶时，使用前应对装载热电偶进行校准，易耗型廉金属装载热电偶作控制偶时只能使用一次。当一个装载热电偶被用作控制偶时,任何一个控制、监视或记录偶的读数都不应超过最大的允许工艺温度。

2.5.4 辐射测试热电偶的更换

辐射测试过程中的测试热电偶和测试板只能使用一次。

2.6 热电偶的校准

应使用本书中规定的热电偶或其他具有同等或者更高精度(最大允许差)的温度传感器进行温度测量,其校准周期和精度如表 2-9 所示。可以使用初次或后续校准得到的修正系数来提高温度测量精度,在涉及的工艺规范中有要求时,必须使用修正系数。在使用过程中热电偶修正系数可根据内插法或就近法选择,禁止对高于最高校准温度和低于最低校准温度的温度校准点修正系数进行估算。内插法是在临近两个已校准温度点之间进行插值,分为两个步骤:一是计算中间温度,采用一个数学比值(插值);二是画出修正系数和温度曲线,并从相应曲线中读取相应修正系数,将修正系数与显示读数相加即可得到实际温度。就近原则选取法是,使用温度的修正值为最邻近校准温度点的修正值,当使用温度为两校准点中间温度时,采用偏离校准温度较大的修正值。如:某热电偶在100℃时的修正值为 0.4℃,200℃时的修正值为 0.2℃,按照内插法选择 160℃时的修正值为 0.32℃,修正后为 0.3℃。按就近法选择,160℃时的修正值为 0.2℃,150℃时的修正值为 0.4℃。

热电偶应具有相应的校准证书来表明其可追溯到国家计量标准或国际计量标准,每个校准温度点应包括标称温度值、实际温度读数、修正系数,或根据国家或国际标准或使用要求可以进行相应的复合型判断的校准数据。热电偶校准报告样表参见附录 1。

本书规定的热电偶校准间隔,无论是时间、使用次数还是根据允许最高温度,都是最大允许间隔,在遵照本书要求的校准间隔的同时,还应保证在特定的暴露情况下热电偶不会出现过度漂移。校准方法应满足 ASTM E 207 *Standard Test Method for Thermal EMF Test of Single Thermoelement Materials by Comparison with a Reference Thermoelement of Similar EMF‐Temperature Properties*,ASTM E 220 *Standard Test Method for Calibration of Thermocouple By Comparison Techniques*,国家鉴定规程或其他国家标准。

对于不便于拆卸的工艺热电偶和热电阻,可以采用系统精度校验的方法进行整体校准,但是校准点至少包含工艺设备合格的工作温度范围的最低点、中间点(该点可以在工作温度范围的 1/3 处至 2/3 处范围内的任意一点)和最高点,且校准间隔都不应超过 140℃;或者是在该设备的所有工艺点处进行校准,并根据 2.5.2 节的要求进行更换。

2.6.1 实验室用热电偶的校准设备

在实验室条件下安装和使用的设备主要用于现场测试设备的校准。基准标准和工作标准热电偶可以视为实验室测试设备,实验室测试设备还包括实验室的基准标准和工作标准仪表、热电偶校准炉、油槽等。现场测试设备包括经实验室校准的便携式校准仪和具有相当精度的仪表、数据采集器、固态数据采集器、固态数据记录仪和传感器,主要用于对热加工生产设备、仪表系统的现场测试和校准。不同温度范围热电偶校准设备如表 2-10 所示。

2.6.2 易耗型热电偶的校准

热电偶应具有相应的校准证书来表明其可追溯到国家计量标准(校准证书见图 2-10)或美国国家标准与技术研究院(National Institute of Standards and Technology,NIST)。每个校准温度点应包括标称温度值、实际温度读数、修正系数,校准方法应满足 ASTM E220、ASTM E207、国家检定规程或其他国家标准。从电压值到温度或从温度到电压值的转化需依据 ASTM E230 *Standard Specification and Temperature-Electromotive Force（emf）Tablespoon for Standardized Thermocouples* 或其他国家标准。

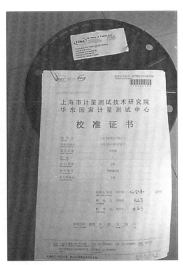

图 2-10　易耗型热电偶校准报告

廉金属热电偶的校准按照 ASTM E 220 或 JJG 351—96《工业廉金属热电偶鉴定规程》进行。校准时常用冰点法或冷端补偿法,仲裁时使用冰点法,精度需满足表 2-9 中温度传感器的要求。由线圈绕成的热电偶校准过程中,当每卷热电偶长度不大于 1 525 m 时从首尾两端取两支热电偶进行校验。若同一温度点两支热电偶修正值之差≤0.6℃视为合格;若差值>0.6℃则从首尾两端重新取偶测试,直至合格;使用过程中热电偶的修正值为首尾两支热电偶修正值

表 2 - 10　实验室用热电偶校准设备

	热电偶低温校准槽	铠装热电偶校准炉	常用热电偶校准炉
设备例图			
适用热电偶类型	所有类型热电偶	金属铠装热电偶	廉金属热电偶
校准温度范围	300℃以下	300~1 000℃	300~1 300℃
鉴定技术规范	JJF1030—2010《恒温槽技术性能测试规范》	JJF1184—2007《热电偶鉴定炉温度场测试技术规范》	JJF1184—2007《热电偶鉴定炉温度场测试技术规范》
校准炉的要求	波动性：≤±0.2℃(测试点温度) 均匀性：≤0.2℃(测试点温度)	孔底轴向 30 mm 内温差≤0.5℃ 孔底同截面任意同温差≤0.25℃	最高温度偏离炉中心≤10 mm 半径 R≤14 mm 范围内任意两点温差≤1℃ 均匀长度 60 mm 时任意两点温差≤1℃
校准炉测试点设定值	根据使用温度范围设定校准点		设定值 1 000℃，偏离校准点＜±5℃ 测试过程中炉内温度变化≤0.25℃

的平均值。对于热电偶长度大于 1 525 m 的线圈,可以将其分成长度更短的线圈再按上述方法进行校准。热电偶校准过程中校准温度点的间隔不应超过 140℃。用于测试温度范围在 371~593℃ 的 Ⅰ 级和 Ⅱ 级铝合金固溶热处理设备的热电偶,若精度不满足 538℃ 以下不超过 ±1.1℃,538℃ 以上不超过读数的 ±0.4% 的要求,则校准间隔不大于 56℃,或在使用温度点 6℃ 之内的温度点进行校准。

贵金属热电偶校准按照 ASTM E 220 或 JJG141—2013《工业用贵金属热电偶鉴定规程》进行,且需满足表 2-9 中对热电偶的精度要求。贵金属热电偶的校准采用固定点校准,例如 S 型热电偶的校准温度点为:锌凝固点 419.527℃,铝凝固点 660.323℃,铜凝固点 1 084.62℃。

2.6.3 非易耗型热电偶的校准

由经校准的线圈制成的非易耗型热电偶可按照易耗型成卷热电偶的校准方法进行,替代单独校准的热电偶。非易耗型热电偶的校准方法参见 2.6.2 节,精度需满足表 2-9 要求。

2.7 热电偶的补偿导线(延伸/引线)

补偿导线必须是具有热电特性的导体(线束),当与热电偶连接时能够有效地将参考交汇点转换到线束的另一端。可采用与热电偶上使用的线束类型相同,或与热电偶的成分不同,但在给定的温度范围内具有相近的热电特性的补偿延伸线束。

补偿导线束应该符合 ASTM E230 的要求或相应的国家标准,应与选用的热电偶相匹配。补偿导线不允许断接,但允许使用具有与对应热电偶类型相同热电特性的连接器、插头、插座或端子片。当温度均匀性测试或系统精度校验测试时使用了延伸导线,则在计算实际温度时,延长线的修正值应被采用。无线传输装置可以作为替代热电偶延长线的一种方式。

用于将热电偶温度模拟信号转换为温度数字信号的无线记录或测试设备是允许使用的,但是在校准时应对使用到的无线系统(包括无线发射器,无线接收器和相应的控制、监测和记录仪器)整体进行校准。

热电偶的补偿导线用于连接热加工设备的工艺热电偶与工艺仪表之间的距离,其要求如下:与工艺热电偶和工艺仪表组合后的系统精度应该满足该设备的系统精度要求;应该符合相应的国家标准;应与选用的热电偶类型相匹配;不能绞接(如不能采用缠绕、卷曲或焊接的方法连接补偿导线),可以接受的连接方法仅限于采用与使用的热电偶相匹配的连接件、插头、插座和终端线;应具备金属屏蔽、防水能力。不同类型热电偶补偿导线精度要求如表 2-11 所示。

表 2-11 不同类型热电偶补偿导线精度要求

分度号	温度范围/℃	补偿导线代码	一般精度要求/℃	特殊精度要求/℃
T	0~100	TX	<±1.0	<±0.5
J	0~200	JX	<±2.2	<±1.1
E	0~200	EX	<±1.7	<±1.0
K	0~200	KX	<±2.2	<±1.1
N	0~200	NX	<±2.2	<±1.1
R/S	0~200	RX/SX	<±5.0	—

3 高温测量过程中的仪表

3.1 温度仪表的定义

温度仪表用于接收由温度传感器产生的热电势或电阻信号,并将这些信号转换成可用的温度示值。民用飞机制造过程中的热加工设备及校准过程中使用到的仪表主要包括基准标准仪表、工作标准仪表、现场测试仪表和工艺仪表。用于校准实验室工作标准仪表、数字多用表、现场测试仪表的电位差计、数字电压表或具有相当精度的仪表称为基准标准仪表。用于校准现场测试仪表、现场仪表和工艺仪表的电位差计、数字电压表或具有相当精度的仪表称为工作标准仪表。用于系统精度校验和温度均匀性测试的固态数据记录仪表、数据采集器或具有相当精度的仪表称为现场测试仪表。现场测试仪表的结果以自动打印输出的方式显示或记录在其他存储设备上。按工艺精度要求而进行控制和监测热加工设备的系统称为热加工设备的工艺仪表系统,这些系统包括温度控制和监测系统及超温保护系统。如安装在热加工设备上用于控制、记录和监测设备工作区内的温度和温度/时间过程的仪表称为工艺仪表,通常包括控制仪表、记录仪表、报警仪表、监测仪表。连接控制热电偶并用来控制工艺设备温度的仪表称为控制仪表。连接控制、监视、装载热电偶,显示工艺温度并输出成工艺记录的仪表称为记录仪表(如图表记录表、电子数据采集仪或数据采集系统)。安装在热加工设备上,用于监测任何超温的发生,并发出报警和/或切断热源的仪表称为超温报警仪表。超温报警仪表的目的是为了保证热加工设备不至于过热。

3.2 温度仪表的分类

根据用途和精度划分,温度仪表主要分为以下几类:① 基准仪表,精度要求为 $\pm(0.01\% + 0.5\ \mu\text{V})$。包括电位差计、数字电压表或据有相当精度的仪表,主要用于校准实验室工作标准仪表。② 工作标准仪表,精度要求为 $\pm(0.015\% + 2\ \mu\text{V})$。包括电位差计、数字电压表或具有相当精度的仪表。主要用于校准现场测试仪表、现场仪表和工艺仪表。③ 现场测试仪表,精度要求为 0.1% 或 $\pm 0.6\ \text{℃}$。包括固态数据记录仪表、数据采集器或具有相当精度的仪表,主要用于温度均匀性测试和系统精度测试校验,结果以自动打印输出的方式显示或记录在其他存储设备上。

④ 控制、监视、记录工艺仪表。数字式仪表精度要求为±1.1℃或读数的0.2%或由具体工艺确定;机电式仪表精度要求为±1.1℃或设备最大测量温度的0.3%,两者取大值;机械或热元件式仪表精度要求为±2.8℃。

3.3　仪表类型

　　设备仪表的类型是根据所安装的控制、显示或记录仪表的类型进行分类,主要分为A～F六类仪表系统,分类详情如表3-1所示。冷藏设备应有一台温度控制器,其中液氮、干冰/液体制冷的槽子不要求温度控制仪,如果冷藏设备用于有温度和/或时间要求的,则应安装一台温度记录仪,材料在低温下的运输中可以不满足以上要求。用于有淬火剂温度要求的热处理时,设备应安装一台记录仪。

表 3-1　设备仪表系统要求

设备仪表系统类型	控制仪表	温度显示仪表	记录仪表	高温、低温记录仪表	负载传感器记录仪表	报警表[a]
A	√	√	√	√	√	√
B	√	√	√	○	√	√
C	√	√	√	√	○	√
D	√	√	√	○	○	√
E	√	√	○	○	○	○
F	√	√	√	○	○	○
冷藏设备	√[b]	√[b]	√	○	○	○
淬火系统	○	○	√	○	○	○

a 代表最高温度位置的传感器也可以用作超温保护传感器。
b 对于液氮、干冰/液体制冷的槽,不要求温度控制仪。
符号"○"表示非强制使用;"√"表示必须选用。

　　安装有A～F仪表系统的设备所需工艺仪表系统如图3-1～图3-7所示。不同工艺对加工过程中温度控制的精度要求不同,生产过程中应根据具体工艺要求选择装有合适仪表系统的设备。

　　图3-1为装有A型仪表的热加工设备示意图。该设备的每个控制区域内必须有至少一支温度控制热电偶,并连接一台用来显示和控制温度的控制仪表,且控温热电偶的温度必须由记录仪进行记录。也可以采用单独的热电偶作为温度控制记录热电偶,但是需满足该热电偶的测量端与控温热电偶测量端的距离应不大于10 mm。每个控制区域至少要多安装两支热电偶来记录该区域的最高和最低温度。每个控制区域至少安装一支装载记录热电偶。多控制区设备生产过程中,空区(如没有材料放置或干扰到的区域)不需要摆放装载热电偶,但是必须在设备装载记录上将其明确标识出。每一个控制区域必须安装一台用于超温保护的报警仪表,且超温热电偶尽可能靠近设备的高温热电偶。对于温度控制和记录要求较高的生产

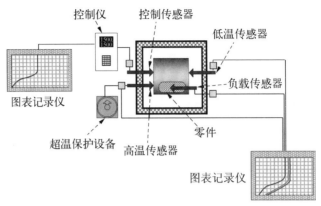

图 3-1 A 型仪表系统

工艺常采用装有 A 型仪表系统的设备。

安装有 B 型仪表系统的设备如图 3-2 所示。该类设备的每个控制区域必须有至少一支温度控制热电偶,并连接一台用来显示和控制温度的控制仪表,且必须有一台记录仪来记录控制热电偶的温度。也可以采用单独的热电偶作为温度控制记录热电偶,但是该热电偶的测量端与控温热电偶测量端的距离需不大于 10 mm。每个控制区域至少安装一支装载记录热电偶,多控制区的设备生产过程中,空区(如没有材料放置或干扰的区域)不需要摆放装载热电偶,但是必须在炉子装载记录上标示清楚。每个控制区域必须安装一台报警仪表,用于温度过高时设备的保护。B 型仪表系统在生产过程中应用非常广泛,例如,采用真空热处理炉对工件进行热加工过程多采用 B 型仪表系统,通过装载热电偶以确定保温开始时间;装载量大于 10%的铝合金固溶热处理时需通过装载热电偶确保所有工件保温时间均符合工艺要求,即多采用 B 型仪表系统;当需进行热加工的工件形状较为复杂或尺寸较大时,通常也需增加装载热电偶,以确保工件各个位置温度符合工艺要求。

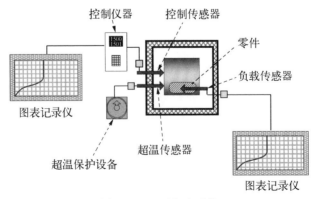

图 3-2 B 型仪表系统

图3-3为装有C型仪表系统的热加工设备。该类设备的每个控制区域必须有至少一支温度控制热电偶,连接一台用来显示和控制温度的控制仪表,且由记录仪记录控制热电偶的温度。也可以采用单独热电偶作为温度控制记录热电偶,但该热电偶的测量端与控温热电偶测量端的距离应不大于 10 mm。每个控制区域至少要多安装两支记录热电偶以记录该区域的最高和最低温度。每个控制区域必须安装一台报警仪表,用于超温保护。需采用安装有 C 型仪表系统的设备进行热处理的工艺有沉淀硬化不锈钢的奥氏体调整、固溶处理、时效处理及碳钢和低合金钢的奥氏体化、淬火、固溶处理等热处理工艺。

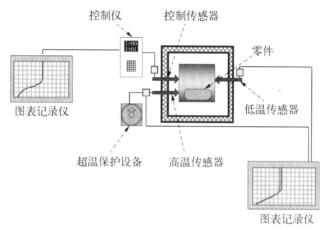

图3-3 C型仪表系统

图3-4为装有D型仪表系统的热加工设备。该类设备的每个控制区域必须有至少一支温度控制热电偶,连接一台用来显示和控制温度的控制仪表,且控制热电偶的温度必须由记录仪显示和记录,也可以采用单独的热电偶作为温度控制记录热电偶,但是该热电偶的测量端与控温热电偶测量端的距离应不大于 10 mm。设备的每个控制区域必须安装一台报警仪表,用于超温保护。沉淀硬化不锈钢的均匀化、预回火、硬化后的消除应力和消除脆性及碳钢和低合金钢的退火、正火、淬

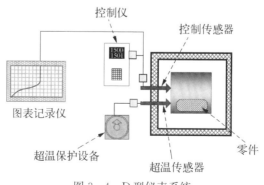

图3-4 D型仪表系统

火前高温回火等热处理工艺均要求设备最低安装 D 型仪表。标准件生产过程中采用的履带式连续炉也常采用 D 型仪表,如图 3-5 所示。按热交换方式连续炉可分为高温炉(以辐射传热为主)、中温炉(辐射加对流传热)和低温炉(以对流传热为主),沿炉膛长方向通常分为预热段、加热段、均热段和冷却段。生产过程中炉体内部可充保护气体以减少工件生产过程中的氧化,通过设定履带运行速度来控制保温时间,常用于标准件的热处理、金属锻压、粉末冶金以及砂型和油漆的干燥等过程。

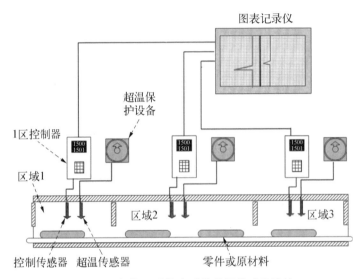

图 3-5   安装 D 型仪表系统的履带式连续炉

装有 E 型仪表系统的热加工设备如图 3-6 所示。该类设备的每一个控制区域必须至少有一支温度控制热电偶,并连接一台用来显示和控制温度的控制仪表。设备每个控制区域必须安装一台报警仪表用于超温保护,代表最高温度位置的热电偶也可以用作超温保护热电偶。装有 F 型仪表系统的热处理设备如图 3-7 所示。对温度范围要求较宽的工艺常采用装有 E 型或 F 型仪表系统的设备,如化学处理槽,淬火水槽等。

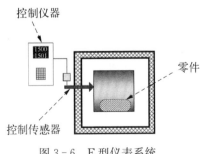

图 3-6   E 型仪表系统

图 3 - 7 为装有 F 型仪表系统的设备,该类设备的每个控制区域必须有至少一支温度控制热电偶,连接一台用来显示和控制温度的控制仪表,且控制热电偶的显示温度必须有一台记录仪来显示记录。也可以采用单独一支热电偶作为温度控制记录传感器,但是该热电偶的测量端与控温热电偶的测量端的距离不大于 10 mm。

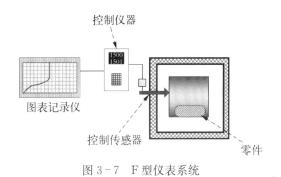

图 3 - 7 F 型仪表系统

3.4 仪表的标准校准方法及原理

3.4.1 仪表标准校准方法原理

将被校仪表与标准仪表进行测试并调整,以确定其准确度的过程称为仪表校准。仪表校准标准方法的原理如图 3 - 8 所示。测试过程按 JJG 617—1996《数字温度指示调节仪检定规程》进行。将被校仪表(包括工艺仪表或现场测试仪表)连接补偿导线后插入冰点槽,再用铜导线与标准仪表(现场测试仪表及更高等级仪表)连接,输出被校温度点的直流毫伏信号来测量仪表的误差。对于被校仪表温度点的选择,可以根据热工仪表实际使用的工艺温度点来选择。如测量数据显示超出规范要求,需进行调整,调整后必须按照该方法重新进行校准。

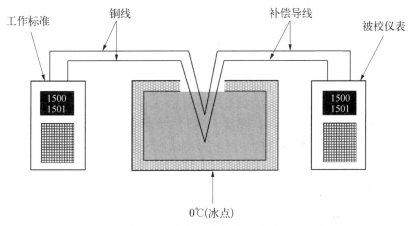

图 3 - 8 仪表标准校准方法原理

3.4.2　仪表标准校准方法

仪表校准时,仪表检定分为寻找转换点法(示值基准法)和输入被检点标称电量值法(输入基准法),具体参照 JJG617—1996《数字温度指示调节仪检定规程》。如图 3-9 所示,寻找转换点法即从下限开始增大输入信号(上行程时),当指示值接近被检点时缓慢改变输入量,依次找到 A_1、A_1';下行程时减小输入信号,找出各被检点附近转换点的值 A_2、A_2'。其中 A_1 为上行程时指示值刚能稳定在被检点温度值时的输入信号值,A_1' 为上行程时离开被检点转换到下一值时(包括两值间的波动)的输入信号值。A_2 为下行程时,指示值刚能稳定在被检点温度值的输入信号值;A_2' 为下行程时离开被检点换到下一值时(包括两值间的波动)的输入信号值。图 3-9 所示仪表在被检点为 100℃时的基本误差即为 $|A_1-A_1'|$、$|A_2-A_2'|$ 中的大值。用同样的方法重测量一次,取两次测量中误差最大值作为该仪表的最大基本误差。

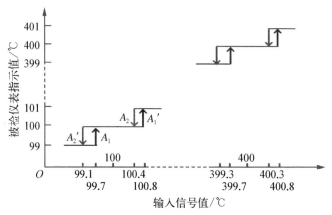

图 3-9　仪表两个温度点(100℃和400℃)的校准过程

鉴定时,若仪表的滞后误差很小,对判断不产生疑义时(即 $|A_1-A_2'|$、$|A_2-A_1'|$ 很小,小于仪表允许基本误差的 0.1(1/10)时),可以在上、下行程中使用 A_1、A_1' 两点来计算被检点的基本误差。由于采用输入被检点标称电量值法方法进行仪表校准时不进行分辨力的鉴定,故民用航空项目高温测量过程中的仪表校准不建议采用此方法。仪表校准记录样表可参见附录 2。

引起仪表向上、向下行程读数变化所需要输入的变化量称为仪表的死区,灵敏度通常为死区数值的一半。由于民用航空制造企业所采用仪表灵敏度较高,校准过程中 $A_1 \approx A_2' = X_1$,$A_1' \approx A_2 = X_2$,则死区为 $|X_1-X_2|$,灵敏度 $= |X_1-X_2|/2$。

3.4.3　仪表误差的计算

仪表校准时,仪表误差、相对示值误差、修正值、示值引用误差、仪表允许误差的计算公式如下:

$$误差 = 测量值 - 真实值(标准值) \qquad 式(3-1)$$
$$相对示值误差 = 仪表示值误差(仪表示值 - 仪表读数)/指示值 \qquad 式(3-2)$$
$$修正值 = 真实值 - 测量值 \qquad 式(3-3)$$
$$示值引用误差 = 仪表示值误差/仪表全量程 \qquad 式(3-4)$$

仪表允许误差主要有以下 3 种表示方式。

（1）含有准确度等级的表示方式：

$$\Delta = \pm a\% F \cdot S \qquad 式(3-5)$$

式中：Δ 为允许基本误差（℃）（应化整到末位数与分辨力相一致）；a 为准确度等级，选取数为 0.1，0.2，(0.3)，0.5，1.0；$F \cdot S$ 为仪表的量程，即测量范围上、下限之差（℃）。

（2）用于仪表量程及分辨力有关的表示方式：

$$\Delta = \pm(a_1\% F \cdot S + b) \qquad 式(3-6)$$

式中：a_1 为除量化误差以外的最大综合误差系数，选取数与 a 相同，只有当 b 不大于 $0.1 a\% F \cdot S$ 时，a 才可以作为精度等级；b 为仪表显示的分辨力（℃）。

（3）用允许的温度误差值表示方式：

$$\Delta = \pm N \qquad 式(3-7)$$

式中：N 为允许的温度误差值（℃）。

例： 某仪表的标准值为 100℃，测量值为 99℃，仪表量程为 500℃，则该仪表的各类误差的计算如下所示。

$$误差 = 99℃ - 100℃ = -1℃$$
$$相对误差 = (100℃ - 99℃)/100 = 1\%$$
$$示值引用误差 = (1℃/500℃)\% = 0.2\%$$
$$该仪表允许误差 = \pm(0.2\% \times 500℃ + 0.1℃) = \pm 1.1℃$$

工艺仪表校准过程如图 3-10 所示，将铜导线和补偿导线与测试仪表和工艺仪表相连接进行测试。图 3-10(a) 为现场工艺仪表校准过程，图 3-10(b) 为工艺仪表在实验室内的校准过程。其中数字控制仪表校准方法参见 JJG617—1996《数字温度指示调节仪检定规程》，走纸记录仪表鉴定按校准方法参见 JJG74—2005《工业过程测量记录仪检定规程》，多通道记录仪校准方法参见 JJF 117—2007《温度巡回检测仪校准规范》。

3.5 仪表的校准周期及技术要求

为保证仪表功能的准确性、一致性和可靠性，必须按照有关周期检定制度的规定，按时、按量把仪表送交检定，并保存好检定卡片或表格记录。

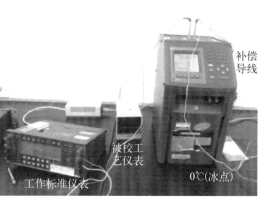

(a)　　　　　　　　　　　　　(b)

图 3 - 10　工艺仪表校准

(a) 现场校验　(b) 实验室校验

仪表测量结果的准确程度即仪表的准确度,通常称为仪表精度,是衡量仪表质量优劣的重要指标之一。引用误差越小,仪表的精度越高,而引用误差与仪表的量程范围相关,所以在使用同一精度的仪表时,往往采取压缩量程范围的方法减小测量误差。在工业测量中,为了便于表示仪表的质量,通常用仪表精度等级来表示仪表的精度。为保证产品质量,生产过程中对不同类型仪表有具体不同要求。

标准仪表、现场测试仪表、工艺仪表校准的周期和精度要求如表 3 - 2 所示。仪表校准方法的编制应符合国家、行业等的设备校准程序或直接采用国家、行业标准,并满足表 3 - 2 的要求。现场测试仪表应采用数字式仪表,其分辨率最低为0.1℃或与其等同的电量值,校准结果的修正值应做好记录并以标签和标牌的方式加以标注,附在相应的装置上。系统精度测试和温度均匀性测试使用的设备必须是经过校准,并满足表 2 - 8 要求的独立测试设备。热加工工艺仪表不允许用于检测和记录系统精度测试和温度均匀性测试热电偶的数据。每个控制区域至少有一个具有1℃或1℉分辨率的记录和/或控制仪表,且温度记录仪应能准确记录设备的工作温度。数据可以是图纸上清晰可见的温度记录曲线,也可以是存储在存储装置上并能转化成数字打印输出的数据记录。记录纸和打印纸不能重复使用,多点记录仪不能用于控制炉子温度。图纸记录仪的温度分辨率需满足 3.7 节的要求。

表 3-2　仪表和仪表的校准

仪　表	仪表类型	用　途	最长校准周期/月	标　准	校准精度[a, b]
基准标准仪表	电位计或数字点位表	用于校准工作标准、测试仪表和一等、二等实验室热电偶校准	12	国家计量基准/国际计量标准	读数的±（0.01%＋0.5μV)
工作标准仪表	电位计或数字电压表	用于校准现场测试仪表和工艺仪表	12	基准标准仪表	读数的±（0.015%＋2μV)
现场测试仪表	SAT 和 TUS 用电子记录仪或数据采集仪或电位计、数字仪表	用于校准控制、显示和记录仪表，用于 SAT 和 TUS	3	基准标准仪表或工作标准仪表	±0.6℃或0.1%
	无线温度计、无线温湿度计	用于 SAT 和 TUS 测试	6	基准标准仪表或工作标准仪表	±0.3℃
控制、显示或记录仪表	数字仪表	控制、显示或记录热加工设备的温度	c	基准标准仪表或工作标准仪表或现场测试仪表（比较测试，与SAT 类似）	±1.1℃或读数的 0.2%或由具体工艺决定
	机电仪表[d]	控制、显示或记录热加工设备的温度	c	基准标准仪表或工作标准仪表或现场测试仪表（比较测试，与SAT 类似）	±1.1℃或设备最大测量温度的0.3%
	机械式或热敏元件	限用于测量冰箱和淬火槽的温度	6	标准水银温度计或现场测试仪表（比较测试，与SAT 类似）	±2.8℃

a 允许使用更高精度的仪表。

b 读数的百分比数或以摄氏度为单位的修正值，取较大者。

c 控制、监测和记录仪的周期应为：

① 数字仪表：1 等设备一每月；2 等设备一每季；3 等设备一每季；4 等设备一每季；5 等设备一半年；6 等设备一半年；7 等设备一每年；1~6 等设备周期仅适用于热处理工艺设备，其他设备周期按 7 等设备周期控制。

② 机电仪表：1 等设备一每月；2 等设备一每月；3 等设备一每季；4 等设备一每季；5 等设备一每季；6 等设备一每季；7 等设备一每年；1~6 等设备周期仅适用于热处理工艺设备，其他设备周期按 7 等设备周期控制。

d 仅用于超温保护的超温仪表的校准周期为一年。

　　现场测试仪表的校准如果不按照制造商的说明书进行，也可以按实际使用量程进行校准。其校准必须追溯到二等标准设备或更高等级标准设备，校准点必须涵盖设备使用量程的最小值、最大值和代表适用范围内大致相等间隔的 4 个校准点,共计至少 6 个校准点。对现场测试仪表可能使用到的每种输入和/或输出型号都必须进行校准。

工艺仪表按照使用功能可分为控制、监测和记录仪表,校准周期应根据设备等级要求确定。工艺仪表的校准如果不按照制造商的说明书进行,那么至少应在设备合格的工作温度范围的最低点、中间点(该点可在工作温度范围的 1/3 处至 2/3 处范围内的任意一点)和最高点进行校准,并且对其使用中的可变更或可调整的每个通道或通道组都应进行校准。工艺仪表的灵敏度也应进行校准,图表记录仪的走纸速度每年进行一次校准。对图表画线或打点记录仪的指示部分和模拟记录部分都应进行校准。工艺仪表校准精度要求如下:数字仪表精度要求为 $\pm 1.1\,℃$ 或读数的 0.2%;模拟仪表精度要求为 $\pm 1.1\,℃$ 或最大测量温度的 0.3%;机械或感温元器件精度要求为 $\pm 2.8\,℃$,仅适用于冰箱和淬火槽。现场使用的工艺仪表应满足其使用的环境要求,其中电源接地端必须连接,且接地端与热加工设备的电源接地端分开。

对由一个温度变送器(模/数转换)输出的数字信号提供给两个及以上的温度仪表,初次校准时所有仪表均需要校准,周期校准时只需校准其中一个仪表。多通道数字仪表和记录仪,应对其使用中的可变更或调整的每个通道或通道组进行校准,建议将不使用的通道进行封锁或标记,防止无意使用。在校准时,应记录仪表所有的调整情况,及调整前后仪表的读数。

记录仪应保证每天或每班校对,确保记录纸上所记录的温度与指针指示的或数字显示的温度相一致。图表(圆形的或带状的)记录仪、数字信号记录仪的走纸速度至少应每年校准,并且其走纸精度应精确到 $\pm 3\ \text{min/h}$;电脑时钟式的仪表走纸速度不需要校准。对于数字信号记录仪,其显示精度需要校准,记录精度则不需要校准。每次校准仪表时,应校准其灵敏度,且灵敏度应小于等于 1℃ 或 1℉。

用于将热电偶温度模拟信号转换为温度数字信号的无线记录或测试设备是允许使用的,但是在校准时应对使用的整体的无线系统(包括无线发射器,无线接收器和相应的控制、监测和记录仪器)进行校准。

3.6　记录仪的分辨率要求

根据输入信号的不同记录仪分为模-数、数-模形式,其主体电路根据输出形式的不同而有所区别。当输出信号为数字信号时,其主要电路为能存储数字信息的存储器电路;当输出信号为模拟信号时,记录仪主体电路是没有存储功能的模拟放大驱动电路,必须立即用适当记录装置和方法将信号记录到记录纸等载体上。热加工设备常用记录仪分为圆图记录仪、条状记录仪、数字或无纸记录仪,可用于记录生产过程中的温度、湿度、压力、真空度等工艺参数。

表 3-3　工艺记录仪的打印和走纸速度

记录仪类型	打印间隔[a]	走　纸　速　度[b]	
圆图记录仪	打印间隔应为每次温度循环期间至少6次;打印间隔不超过15 min	温度循环时间少于1 h;每转完一圈最大为8 h	温度循环时间为1 h或以上;每转完一圈最大时间为24 h
条状记录仪		温度循环时间少于1 h;最少为50 mm/h	温度循环时间为1 h或以上;最小为25 mm/h
数字式或无纸记录仪		记录时间间隔应符合相应的工艺文件要求[c]	

a 零件在设备内的整个生产过程,记录仪都应记录。
b 温度循环时间是指热处理过程的时间。
c 记录时间间隔推荐至少2 min记录一次。
仪表记录走纸时间允许误差≤±3 min/h(每年校准一次)。

表 3-4　图纸记录仪的分辨率要求

炉子等级	温度均匀性/℃	记录纸最大的/(℃/cm)	最大的记录纸增量/(℃/格)
1	±3	11	1
2	±6	33	3
3	±8	33	3
4	±10	55	5
5	±14	55	5
6	±28	77	15
7	只有最高或最低或温度范围	77	15

注:数字仪表应有1℃或1°F的分辨率。
"记录纸最大的(℃/cm)"与"最大的记录纸记录增量(℃/格)",两个要求中满足其一即可。

　　用于热加工设备生产过程参数记录的工艺记录仪打印和走纸速度需满足表3-3工艺记录仪的打印和走纸速度要求,不同等级炉子安装记录仪表的分辨率需满足表3-4图纸记录仪的分辨率要求。圆图记录仪走纸示例见图3-11圆图记录仪走纸记录,从图中可以看出该圆图记录仪精度为1℃/格,查询表3-4可知该图纸可用于3级及以上等级的炉子。

3.7　温度量值的传递与溯源

　　溯源是通过一条具有规定不确定度和不间断的比较链,使得测量结果或测量标准值能够与规定的参考标准,即与国家测量标准或国际测量标准联系起来的特性。溯源性反映了任何测量结果和计量标准的量值最终必须与国家或国际计量基准联系起来,才能保证量值单位统一,量值准确可靠,才具有可比性、可重复性和可

图 3－11　圆图记录仪走纸记录

复现性，而其途径就是按比较链向计量基准的追溯。中国的量值溯源体系是基于我国的《计量法》建立起来的。原则上讲，所有的测量设备都必须溯源，即所有的测量器具都溯源到国家基准。国家基准在《计量法》中也称为计量基准，是复现和保存计量单位量值，具有现代科学技术所能达到的最高准确度，经国家鉴定后由国务院计量行政部门批准作为统一全国计量单位量值最高依据的计量器具。国家计量基准由国务院计量行政部门负责建立，根据需要可代表国家参与国际比对，使其量值与国际计量基准的量值保持一致。

温度的数值表示方法称为温标。国际温标是为了方便使用而建立的一种经国际协商而采用的协议性温标。常用的温度量值溯源就是追溯到国际温标。为了保证温度量值的统一及传感器的准确度，各种温度传感器应按规定定期进行鉴定或校准。我国在建立温度计量标准时即开展了相关研究。在 20 世纪 60 年代采用 ITS－68 温标时，我国建立了以铂铑 10－铂热电偶为基准的热电偶温度计的量传体系，在 660～1 064℃温度范围内建立了国家计量基准、工作基准、一等标准、二等标准及工作计量器具等，并编写了计量检定技术规程及基准的操作规范。1980 年参加了国际比对，并取得了良好的结果。此后又建立了以铂铑 10－铂铑 6 热电偶为标准的 1 000～1 600℃鉴定系统，并制订了相应的检定规程和传递系统图。

1990 年以后，由于国际温标的修改铂铑 10－铂热电偶不再是温标定义的内插仪器，因此国内温度量值的传递上不能沿用以前老的传递系统，而需建立新的传递关系。在国内转轨到 ITS-90 以后,银固定点(961.78℃)以下的温度量值应溯源到铂电阻,银固定点以上的温度量值应溯源到辐射温度计。理论上讲热电偶的温度量值的传递也应遵循这个原则,即热电偶的检定都应直接使用电阻温度计和辐射温度计来作为标准,但实际的应用上却很难实行,因为无论使用铂电阻或辐射温度计,带来的结果都是使检定系统成本大大增加,同时检定的不确定度却没有提高,甚至降低。实际应用中 13.803 3~237.16 K 量值传递系统、铂铑 10-铂热电偶检定系统如图 3-12 所示。所有高温测量设备的量值溯源应可以追踪到国家计量标准或美国国家标准与技术研究院。

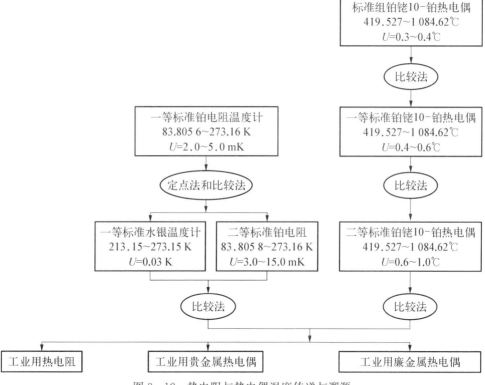

图 3-12　热电阻与热电偶温度传递与溯源

4 热加工设备

热加工设备包括用于在受控温度下处理零件和材料的任何设备,如热处理炉、烘箱、冷藏室等。热加工设备的淬火系统包括易于快速冷却的系统,通常使用油、水、混合液体或气体媒介以达到快冷的目的。冷却介质的传递通常使用沉浸、喷雾或雾化的方式。由单独的控制仪表进行温度控制的热加工设备的工作区部分称为设备的控制区。热加工设备的有效工作区是经过温度均匀性测试,并且满足工艺规范要求的空间。热加工设备经系统精度校准和温度均匀性测试,且满足工艺规范要求的温度范围称为设备的合格工作温度范围。

4.1 热加工设备的等级

热加工设备的等级是基于设备合格工作温度范围内的温度均匀性要求来划分的,不同等级设备的温度均匀性要求如表 4-1 所示。特殊设备的等级及对应的温度范围应按相关工艺规范的规定进行选择及确定。

表 4-1 热加工设备的等级

设备等级	温度均匀性范围/℃	设备等级	温度均匀性范围/℃
1	±3	5	±14
2	±6	6	±28
3	±8	7	只有最高或最低或温度范围要求
4	±10		

4.2 热加工设备的调试

影响热加工设备温度均匀性的因素主要包括工艺热电偶(工艺热电偶的精度和位置)、仪表精度(PID 参数,即系统控制中对控制参数与设定值之间偏差的比例带 proportion、积分时间 integrate、微分时间 differential 的统称)、系统精度、炉体结构(包括炉体保温性能、空气循环系统、功率分布的合理性等)。本章主要讨论 PID 参数的选择对热加工设备温度控制过程的影响。

热加工设备的 PID 参数分别对应比例调节、积分调节和微分调节。PID 参数的变化对设备实际温度变化的影响可参见图 4-1，T_0 为设备的设定温度。比例调节 P 主要作用是改变升温速率，当热加工设备设定值与实际输出值存在偏差时，P 会迅速做出反应[见图 4-1(a)]。积分作用 I，表示输出与输入随时间的累积成比例关系。增大 I 值，则设备升降温速率变小，炉温达到设定温度时温度变化过程将更平稳，但设备达到设定温度所需时间将延长[见图 4-1(b)]。因此，如果热加工工艺对升温速率无要求，则可以通过对 I 值的调整，避免设备冲温。微分作用 D，即输出与输入随时间的变化率成比例关系。微分作用 D 是根据设备的设定温度与实际温度偏差的变化趋势(变化速度)进行控制，微分控制的输出量越大，偏差变化的越快。若微分控制 D 的设定值过大，则设备温度的震荡时间将增加[见图 4-1(c)]。因此，当设备较长时间内仍无法达到稳定的状态，可将 D 值适当调小，从而减少温度的震荡时间。

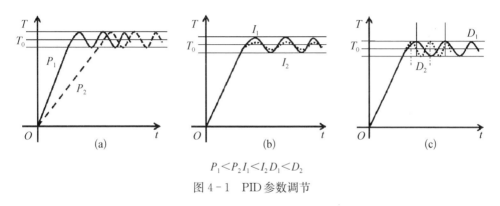

$$P_1 < P_2 \quad I_1 < I_2 \quad D_1 < D_2$$

图 4-1　PID 参数调节

生产过程中进行 PID 参数选择时，设备应先自整定，再做人工微调。PID 三个参数相互影响、相互作用，选择时应根据温度变化曲线综合调节，确定合理的 PID 参数。不同温度设定点的 PID 参数不完全相同，应根据设备情况合理选择。PID 参数对输出信号的影响可参考式(4-1)。

$$y(t) = k_P x(t) + k_I \int_0^t x(t)\mathrm{d}t + k_D \frac{\mathrm{d}x(t)}{\mathrm{d}t} \qquad 式(4-1)$$

式中：$y(t)$ 为调节器输出信号；$x(t)$ 为热处理设备设定值与实际输出值的偏差；k_P，k_I，k_D 为比例系数。

除 PID 参数对温度的影响外，在设备调解过程中还应考虑设计过程中的其他影响因素。对于输出功率可调的热处理炉，可通过限制热加工设备的输出功率从而控制升温速率。热加工设备的风门、风机、导流板、保温材质、工艺热电偶的位置、工作区域的调整等都会影响设备的整体温度均匀性，在调试过程中应综合考虑。

4.3　热加工设备的温度测试

热加工设备温度测试包括系统精度测试和温度均匀性测试。系统精度测试，即将热加工设备每个控制区的控制和记录系统读数与经过修正后的标准测试系统的读数进行比较,以确定热加工设备每个控制区的控制和记录系统的精度是否满足工艺规范要求。温度均匀性测试是在热加工设备热稳定性之前和之后,用经过校准的现场测试设备对有效工作区内的温度进行测试,用于确定热加工设备的温度特性。系统精度和温度均匀性测试周期和测试精度要求如表4-2所示。

热加工设备高温测量过程中设备第一次到达设定温度后,有效工作区内温度出现超过温度容差范围上限的现象称为温度过冲。热加工设备温度均匀性测试过程中,设备温度稳定后,有效工作区内温度超过容差范围上限的现象称为超温。高温测量过程中设备温度达到设定温度附近,测试热电偶测定温度有上下周期变化或其中有测试热电偶温度开始下降时称为温度稳定。

表 4-2　设备等级、仪表类别和系统精度校验测试周期要求[d~j]

设备等级	温度均匀性/℃	最低仪表类型	正常的系统精度校验周期	允许的最大系统精度校验周期	最大的系统精度校验偏差		最大的允许调整（补偿）量[a, b, c]	
					/℃	读数的/%	/℃	仪表刻度的/%
1	±3	D	每周	每周	±1.1	±0.2	±1.5	—
		B,C	每周	每两周				
		A	每两周	每月				
2	±6	D	每周	每周	±1.7	±0.3	±3.0	—
		B,C	每两周	每月				
		A	每月	每季				
3	±8	D	每两周	每月	±2.2	±0.4	±6.0	0.38
		B,C	每月	每季				
		A	每季	半年				
4	±10	D	每两周	每月	±2.2	±0.4	±6.0	0.38
		B,C	每月	每季				
		A	每季	半年				
5	±14	D	每两周	每月	±2.8	±0.5	±7.0	0.38
		B,C	每月	每季				
		A	每季	半年				
6	±28	D,E	每月	每月	±5.6	±1.0	—	0.75
		B,C	每月	每季				
		A	每季	半年				

（续表）

设备等级	温度均匀性/℃	最低仪表类型	正常的系统精度校验周期	允许的最大系统精度校验周期	最大的系统精度校验偏差		最大的允许调整（补偿）量[a, b, c]	
					/℃	读数的/%	/℃	仪表刻度的/%
7	只有最高或最低或温度范围	E、F	半年	半年	±2.8	±0.5	—	0.75

a 人工和电子方式最大允许调整（补偿）量是同样的。

b 取摄氏度或读数的百分比的较大者。

c 系统精度校验和温度均匀性测量的补偿是独立的，最大值对两者都是允许的。

d 实验室非热处理用烘房的测试周期为 6 个月。

e 用于喷漆时固化烘干的烘房的测试周期为 3 个月。

f 用于消除氢脆的炉子的测试周期 6 个月。

g 超速成型设备的测试周期为 6 个月。

h 复合材料工艺用烘箱（固化炉）的测试周期为 1 个月。

i 淬火槽和热处理冷藏设备的测试周期为 6 个月，精度为±2.8℃。用于非热处理冷藏设备的测试周期为 1 年，精度为+2.8℃。

j 用于表面处理工艺的主槽（铝合金化铣槽、阳极化膜封闭槽，化学转化膜槽，阳极氧化槽）测试周期为 6 个月；其他用于表面处理工艺的、有温度范围要求的槽子测试周期为 1 年；对于带有搅拌的表面处理槽只需进行初次系统精度测试，之后只有设备修理或可能改变热性能时才重新进行系统精度校验。

如有关工艺标准中有具体要求的，执行其工艺要求。

4.4 热加工设备补偿方法

热加工设备常用补偿方法主要有：设定值的温度补偿，即通过调整设定温度使得温度均匀性测试温度达到中间值（生产过程中建议通过调整工作热电偶的位置实现）；仪器的零位补偿（调整量的补偿），即通过仪器的零位调节进行补偿（建议采用更换热电偶的方法，选用具有合适修正值的热电偶），调整量如表 4-2 所示；热电偶修正值的补偿（输入补偿值），即通过人工输入电压（mV）值进行电子补偿（建议采用更换热电偶的方法，选用具有合适修正值的热电偶）。

生产过程中建议尽量不使用以上三种补偿方法，如必须使用，须按相应程序执行。例 AMS 2750 E 版 3.5.19.1.2 节规定：如采取对控制仪器进行调整（补偿）的形式来进行纠正，且合格的工作温度范围不差过 165℃，则不需再次进行温度均匀性测量，但每次调整不得超过表 4-2 中规定的最大调整量要求，此补偿是对系统精度测试允许的所有补偿的补充。如果合格的工作温度范围超过了 165℃，在进行了补偿的测试范围的温度极值处检查的地方需要进行再次进行温度均匀性测试，进行补偿的每个范围的测试温度间隔不应大于 335℃。所有调整（补偿）均应完整记录。此外，在进行了补偿的温度范围内，后续热处理期间所有补偿或调整都应保持在原位。

4.5　冷藏设备

热加工过程的冷却转变环节以及原材料的低温保存过程等都需用到冷藏设备。热加工过程中使用的冷藏设备应至少有一台温度控制仪。如果冷藏设备用于有温度和/或时间要求的工艺,则还需安装一台温度记录仪。采用液氮、干冰等方式制冷的槽子不要求安装温度控制仪。材料的低温运输过程中,运输设备的仪表系统不强制满足上述要求。图 4-2 为用于热加工冷处理过程使用的某冰箱,从局部放大的图 4-2(a)中可以看出,该冰箱安装的一台温度控制仪和一台记录仪用于记录生产过程中的温度和时间参数。

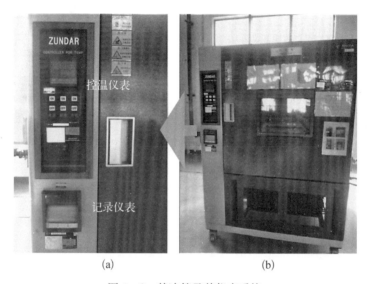

图 4-2　某冰箱及其仪表系统

4.6　真空热处理炉

真空热处理炉(简称真空炉)即为在接近真空状态下通过电热元件进行加热的热加工设备。材料热加工过程中真空炉具有诸多优势,如可对工件进行光亮热处理,起到净化、脱脂、脱氧的作用,使工件质量得到显著提高。同时真空热处理炉生产过程不需要保护气体发生装置,设备的使用和维护比较方便。另外,真空热处理炉可以达到其他类型热加工设备不能达到的高温。

真空炉的工艺仪表系统分类为真空系统和温度控制记录系统,其中温度控制记录系统主要分为 A、B、C、D 4 类仪表系统。装载热电偶及记录仪表等的配置应根据工艺要求确定,但真空炉一般都装载热电偶以便于确定热处理工件的保温时间。

真空炉主要由主机、炉膛、电热装置、密封炉壳、真空系统、供电系统、控温系统和炉外运输车等组成。密封炉壳由碳钢或不锈钢焊接而成,使用过程中采用水冷或气冷方式降温,炉体可拆卸部件的结合面用真空密封材料密封。根据炉子的加热冷却方式,炉子组成等的不同,真空炉可分为如下几类(见图4-3)。

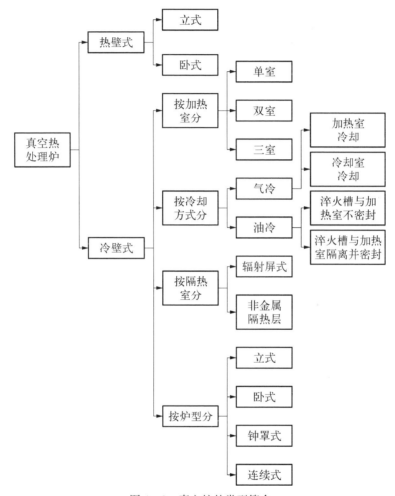

图4-3 真空炉的类型简介

4.6.1 真空炉的热电偶布置和区域划分

真空炉主要依据体积大小进行温度控制区划分。对于配置A、B或C类仪表的体积不大于6.4 m³的多区控温真空炉,在布置最高和最低温位置记录热电偶和装载热电偶时可将此真空炉作为一个温度控制区,按照相应仪表类型要求在真空炉内放置高温、低温记录和装载热电偶,而无需考虑控制热电偶或控制仪表的数量。体积大于6.4 m³的多区控温真空炉,可将该真空炉划分为若干个体积不大于6.4 m³的温度控制区,每个控制区配置满足前文所述真空炉控制区热电偶和仪表配置要求。每个真空炉在工作区内都有一个过温保护装置。

　　如图 4 - 4 为真空炉系统精度测试和温度均匀性测试时有效工作区内部热电偶分布示意图,该测试过程采用测温架测温。测试过程中测试热电偶连接到炉壁上的预留热电偶转接头,再通过炉壁外部的转接头与测试仪器相连接后进行测试。热电偶在设备内部的分布位置需满足按 5.1.1 节和 5.2.2.1 节要求。

图 4 - 4　真空炉热电偶分布

　　若真空炉单独做系统精度时,可采用插入法,如图 4 - 5 所示。

图 4 - 5　真空炉系统精度测试

4.6.2　真空炉测试

　　真空炉的温度均匀性测试除需做空气炉相关测试(具体要求见 5.2 节)外,还需满足以下特殊要求:① 温度均匀性测试应在 100 μmHg(13.3 Pa)真空度下进行。② 泄漏率测试合格。测试方法如下,在室温空载下关闭炉门并抽真空到不超过 50 μmHg(6.65 Pa)后进行泄漏率检测。达到设定的真空度后,关闭真空室的所有阀门,记录初始压力值,于至少 15 min 后记录第二次压力值。泄漏率=升高的压力

（最终压力值－初始压力值）/测试时间,确保炉子的泄漏率应不超过 10 μmHg/h
(1.33 Pa/h)。泄漏率一般应每周测量一次,如果连续三次合格以后可延长至一个
月一次。设备大修以及更换密封元件或较长时间未使用,在重新使用前必须及时
进行测量。③ 炉子的最高温度考核试验,在炉子稳定在压力不超过 50 μmHg
(6.65 Pa)后,将炉子加热到最高操作设定温度,保温时间至少为 60 min。④ 露点
测试,使用露点仪测量生产中使用到的气体纯度,要求进入炉内的气体其露点≤
－32℃。⑤ 真空炉的配置:至少配置一台真空仪表(包括真空传感器),能记录
0.1 μmHg(1.33×10^{-2} Pa)到 1000 μmHg(13.3 Pa)的压力范围。⑥ 保持炉内清
洁,定期清洗,防止污染。

4.7　实验室炉子

使用带有装载热电偶的实验室炉子应满足如下要求:满足相应的工艺规范或
材料规范要求;要求每季进行系统精度测试;装载热电偶必须满足 2.5.3 节有关装
载热电偶的要求;炉子控制仪表每季度必须进行一次校准;首次温度均匀性测试成
功,且连续两次每季度测试成功后,可以经过质量部门书面批准,把温度均匀性测
试周期延长到半年。未使用装载热电偶的实验室炉子,则应按照生产设备的要求
进行测试。

除非实验室炉子完全符合规范要求,否则不允许用于任何产品零件和产品原
材料的生产加工。

5 高温测量的实施

热加工设备温度控制和监测系统在使用过程中会产生漂移,使设备加热过程中的温度场发生变化,甚至超出工艺要求的允许误差,所以应定期对设备进行系统精度和温度均匀性测试,保障其满足相应等级/类别设备的要求。设备的系统精度测试和温度均匀性测试统称为高温测量,是保障热加工设备温度场性能的重要技术手段。本章所有关于设备进行测试测量时所采用的温度传感器均为热电偶,故对热电偶的分析和使用介绍较多。对于其他热加工设备的测试过程中如有需要采用其他类型的温度传感器,可按相应测试标准和工艺要求执行。

5.1 系统精度测试

将被测试系统读数和标准测试系统(已校准的测试仪表/引线/传感器)读数进行比较,以便确定测得的温度偏差是否在要求范围内的过程,称为系统精度测试。

5.1.1 系统精度测试设备及测试偶分布

热加工设备的系统精度测试过程中所使用到的设备和测试热电偶的分布如图5-1和图5-2所示。图5-1中,现场测试过程所使用的测试设备主要包括数据采集仪、延长线、测试热电偶、存储和打印设备。图5-2为箱式炉和井式炉在进行系统精度测试时的热电偶分布。每个控制区内的工艺控制、监测和记录系统都应与相应的测试系统进行比较,以确定热加工设备温度误差是否在使用要求范围之

图5-1 系统精度测试和温度均匀性测试数据采集仪

内。系统精度测试过程中工艺热电偶与测试热电偶末端之间的距离不能超过
76 mm。热加工设备每个控制区内的温度控制、监测和记录系统的附加系统也应进
行系统精度校验。

图 5-2　系统精度测试过程中热电偶的布置

5.1.2　系统精度测试过程

5.1.2.1　测试原理

热加工设备的温度控制系统进行系统精度测试时测试热电偶的安装要求如
图 5-3所示。工艺热电偶末端与测试热电偶末端(热连接端)应保持平行,且两者

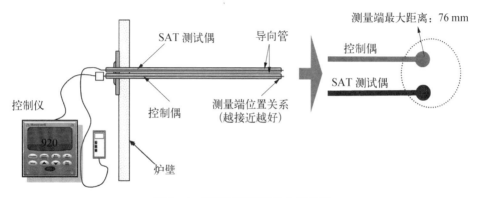

图 5-3　系统精度测试热电偶位置

之间的距离不能超过 76 mm(3 in),越接近越好,测试过程中测试热电偶每次都应放置在设备内部相同的位置(即插入深度相同)。测试过程中热电偶应在自然状态下使用,绷得过紧容易造成热电偶断裂,尤其是在真空炉和加压状态下的热压罐环境中,断裂后的热电偶应及时更换。装载热电偶绷得过紧则容易引起易位。

当符合下列限制条件时,允许使用常驻式系统精度测试热电偶:当使用温度高于 260℃时,常驻式系统精度测试热电偶应仅限于 B、N、S 型;当使用温度超过 538℃时,需采用非易耗型热电偶。驻留式系统精度测试热电偶应与工艺热电偶类型不相同,以防止同类热电偶成分高温挥发造成成分变化,从而影响热电偶精度。工艺热电偶与驻留式热电偶的组合方式需满足表 5-1。图 5-4 为驻留式热电偶安装的示意图,图中工艺偶为 N 型时所选用测试热电偶为 S 型。

表 5-1　温度高于 260℃时常驻式系统精度测试偶与被测工艺传感器的组合

常驻型系统精度测试偶分度号	被测工艺传感器分度号				所有其他分度号的工艺传感器
	B	R	S	N	
B	○	√	√	√	√
R	√	○	○	√	√
S	√	○	○	√	√
N	√	√	√	○	√

注:符号"○"表示不选用;符号"√"表示选用。

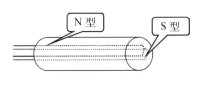

图 5-4　驻留式系统精度测试热电偶安装

测试过程中达到设定温度并稳定之后,每隔 2~10 min 读取所有被测工艺热电偶的数据,将其与对应的测试热电偶的读数相比较。被测工艺控制、监测和记录系统的未修正的读数和/或记录,与对应测试系统修正后(包括测试传感器、测试仪、补偿线的修正值取代数和)的读数相比较,所得差值即为系统精度误差。测试过程至少读取 3~5 组数据,选择差值最大的一组数据做系统精度测试报告。

5.1.2.2　系统精度测试温度间隔

系统精度测试过程中温度点的设定应根据设备使用的工艺温度范围适当选取。

5.1.3　设备系统精度测试周期

新设备安装时需进行系统精度测试,正常使用过程中按照表 4-2 要求进行周期性测试。当对设备进行了任何可能影响系统精度的维护之后,如更换工艺热电偶或调整仪表等,应进行一次系统精度测试。

若改变系统精度测试周期,采用允许的最大系统精度校验周期,必须经过质量部门批准,且取决因素如下:① 随着工艺温度发生改变,设备等级发生改变,需按照新的相应的测试周期进行测试。② 在均匀性测试时附加工艺控制试片,如拉伸试片。③ 热处理对完工产品特定性能的影响。④ 专用设备可根据温度均匀性测试记录或系统精度校验记录更改其测试周期。例如,原测试周期为 1 个月,经过 6 次连续合格后测试频率可改为每季度;原测试周期为一季度,经过 4 次连续合格后测试频率可改为每半年;原测试周期为半年,经过 3 次连续合格后测试频率可改为每年。采用最大周期后,一旦出现测试不合格现象应恢复到正常测试周期。

5.1.4　系统精度测试不合格及处理

5.1.4.1　系统精度测试不合格

当系统精度误差超过了表 4 - 2 中的要求,判定为系统精度校验不合格,应确定超差的原因并采取纠正措施。为纠正系统精度偏差,允许在表 4 - 2 的最大允许调整(补偿)量限制之内对控制和记录仪进行人工或内部调整,但是任何的调整应详细记录,并具有相应的内部程序规定如何使用调整量。完成纠正措施之后,使用前应重新进行系统精度测试,测试合格方可使用。

5.1.4.2　系统精度测试不合格的处理

工艺热电偶的响应时间过长或工艺系统存在偏差均可导致设备系统精度测试不合格。为确定系统精度测试不合格的具体原因可采取如下措施:将工艺热电偶和标准热电偶插入同一个温度均匀性为 ±0.1℃ 的便携式干式炉中,并将两支热电偶分别与对应的工艺系统和测试系统相连接。

若干式炉温度稳定后与工艺热电偶配套的工艺仪表的最终示值与标准热电偶配套测试系统示值偏差不超过系统精度容差,则该工艺系统精度符合要求。在工艺仪表与标准测试仪表读数趋于稳定的过程中,如果工艺仪表的示值相比于测试仪表读数波动小,则表明该设备系统精度测试不合格是由工艺热电偶响应时间过长造成的。如图 5 - 5 所示,该工艺热电偶对温度变化的响应速度过慢,会导致设备出现温度过低或过高的现象,因此建议更换响应速度相对较快的工艺热电偶。

若干井炉温度稳定后工艺仪表读数与修正后测试系统读数差值超出允许范围,则判定为系统精度超差,按照 2.5.2 节方法更换相应的工艺热电偶或补偿导线。

工艺系统精度误差＝工艺热电偶误差＋工艺仪表误差＋补偿导线误差,故在处理系统精度问题时的总体原则是,对整个工艺系统综合考虑、配对选择。

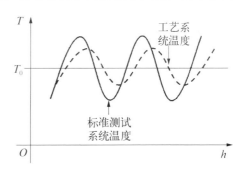

图 5 - 5　标准热电偶与工艺热电偶趋于稳定过程中的温度

5.1.5 系统精度测试的免除

另外,对于设备保护时仅起超温报警作用的仪表系统、限于单次使用或更换周期短于系统精度校验周期的装载仪表系统,不需要做系统精度校验。

5.1.6 系统精度测试的替代

对于只使用一次或更换间隔时间比系统精度测试周期间隔短的多次使用的热电偶,满足以下要求时可以采用替代法进行相应的系统精度测试:① 对控制、监测和记录仪表进行定期校准,且需满足相应的精度要求。校准时标准信号需从工艺热电偶与仪表断开的位置输入,若中间使用补偿导线则从工艺热电偶与补偿导线断开的位置输入。② 对工艺热电偶进行校准,且需满足相应的精度要求。③ 将上述两者的精度进行叠加满足设备系统精度要求。

5.1.7 系统精度测试结果

系统精度偏差计算过程中应采用最新的测试热电偶和测试仪器修正值。系统精度偏差计算方法见式(5-1):

$$系统精度偏差=工艺仪表读数-(测试仪器读数+ \quad 式(5-1)$$
$$测试仪器修正值+测试传感器修正值)$$

系统精度测试开始后,待工艺热电偶和测试热电偶达到设定温度并稳定,每隔 $2\ \mathrm{min}$ 记录工艺热电偶读数 A,相应的测试热电偶读数记为 B,至少读取 3 次。测试仪器读数加上测试仪器的修正值和测试热电偶的修正值所得数据记为 G,选择 G 与 A 最大差值所在时间组进行系统精度数据计算。某设备设定温度为 121℃时,系统精度数据记录及计算结果如表 5-2 所示。

表 5-2 系统精度数据记录

数据/℃ \ 时间	10:08	10:10	10:12
测试数据 B_1	121.3	121.5	121.4
测试数据 B_{21}	121.3	121.5	121.4
测试数据 B_{22}	121.6	121.7	121.5
测试数据 B_{23}	121.1	121.3	121.1
测试仪器的修正值 C	0.1	0.1	0.1
测试传感器的修正值 D	0.3	0.3	0.3
实际温度 $G_1=B_1+C+D$	121.7	121.9	121.8
实际温度 $G_{21}=B_{21}+C+D$	121.7	121.9	121.8
实际温度 $G_{22}=B_{22}+C+D$	122.0	122.1	121.9
实际温度 $G_{23}=B_{23}+C+D$	121.5	121.7	121.5

（续表）

数据/℃ \ 时间	10:08	10:10	10:12
控制仪表读数 A_1	121.1	121.0	121.2
记录仪表读数 A_{21}	121.2	121.2	121.2
记录仪表读数 A_{22}	121.5	121.5	121.5
记录仪表读数 A_{23}	121.0	121.0	121.0
控制仪表 $SAT = A_1 - G_1$	−0.6	−0.9	−0.6
记录仪表 $SAT = A_{21} - G_{21}$	−0.5	−0.7	−0.6
$SAT = A_{22} - G_{22}$	−0.5	−0.6	−0.4
$SAT = A_{23} - G_{23}$	−0.5	−0.7	−0.5

将与控制热电偶接近的测试热电偶经修正的读数 G 与控制仪器读数进行比较，完成控制系统的系统精度误差计算。将与工艺热电偶接近的经修正过的读数 G 分别与记录仪相应通道的记录读数 A 进行比较，完成记录系统的系统精度误差计算。从表 5-2 中将 G 与对应的 A 对比，可以看出在 10:10 时实际温度 G_1 与控制仪表 A_1 读数的差值最大，因此选取该时间组数据作为系统精度测试数据。

5.1.8 系统精度测试报告

系统精度测试完成后应对数据进行完整记录，合格的系统精度测试报告至少应包括如下内容：

（1）被测热电偶的编号；

（2）测试用热电偶的编号；

（3）测试仪器的编号；

（4）测试日期和时间；

（5）温度测试设置点；

（6）控制和/或记录仪的读数；

（7）测试仪器的读数；

（8）测试传感器和测试仪器的修正值；

（9）经修正的测试仪读数；

（10）经计算的系统精误差；

（11）测试合格与否的结论；

（12）测试人员/校准机构（若不是内部校准）；

（13）质量保证部门的批准。

例： 某 JH75 型井式炉为二级设备，C 类仪表，在 529℃ 的系统精度测试报告样表见附录 3。

5.2　温度均匀性测试

温度的均匀性主要衡量有效工作区内任意两点之间的温差大小,是热加工设备的重要性能指标。使用经过校准的仪器和热电偶测量炉子有效工作区内热稳定前后温度变化的测试称为温度均匀性测试。

5.2.1　温度均匀性测试基本要求

对于新设备应进行一次初次温度均匀性测试,以验证在其有效工作区内各工作温度范围的温度均匀性是否符合工艺要求,正常使用过程中的周期性测试应按照表 5 - 4 进行。热加工设备的所有变更、调整或修理都应以文件进行说明,并且由技术主管部门根据所做的调整和修理来决定是否需要另增一次温度均匀性测试或一次初次温度均匀性测试。热加工设备任何可能改变其温度均匀性的变更或调整后,应进行初次温度均匀性测试。若热加工设备出现较小的修理、替换损坏或不正常工作的元件,将热加工设备恢复到其原始状态且预计不会影响其温度均匀性性能的维护等情况,需要经过相关部门进行评估,判断是否要求再次进行温度均匀性测试。

初次温度均匀性测试应在每个合格的温度范围的最低和最高温度进行,此外应确保两个相邻的测试温度间隔不大于 167℃。周期温度均匀性测试时,如果测试温度范围超过了 333℃,需增加测试温度点,保证测试温度点与最高温度点和最低温度之差不超过 167℃,且选择的测试温度点间隔应不大于 333℃。另外,每年内至少应在每个合格的温度范围的最低和最高温度点进行一次测试。

5.2.2　温度均匀性测试过程

为检测工艺热电偶或温度均匀性测试热电偶是否存在超出温度均匀性容差上限的情况,应在第一支工艺热电偶或温度均匀性测试热电偶达到每个测试温度的容差下限之前开始采集数据。如果设备已预先稳定,那么应在测试架或装载放入设备后尽早开始采集数据。数据开始采集后,至少每隔 2 min 读取所有温度均匀性测试热电偶的读数。相应工艺热电偶(不包括只起超温保护作用的热电偶)的读数至少每隔 2 min 自动记录一次。

整个测试过程中,任何工艺和测试热电偶的读数都不应超过温度均匀性容差的上限。当所有热电偶在测试温度点稳定后,数据采集应持续至少 30 min,采集间隔不超过 2 min。采用平面法进行测温时,数据采集间隔不超过 2 min,采集 30 min后将平面移动至下个位置,直至平移次数符合要求。设备所有工艺热电偶的温度也应以小于等于 10 min 的间隔予以记录,并与邻近的测试热电偶读数进行比较,以确定工艺热电偶代表并将设备的均匀性控制到温度设定点的能力。生产过程中进行温度均匀性测试时所需设备如图 5 - 1 所示,主要包括数据自动采集和记录系统。

应注意当所有的热电偶进入测试温度范围,其中有一支热电偶出现温度下降或所有测试热电偶到达所测温度范围出现周期变化时,则称为稳定。

5.2.2.1　测试过程中的热电偶数量和位置

温度均匀性测试热电偶的数量应根据设备有效工作区的大小确定,不同容积设备的温度均匀性测试过程所需热电偶的数量应满足表5-3。

表5-3　温度均匀性测量所需热电偶的最小数目

热加工设备容积 X/m^3	热电偶最少数目[a]	
	标准测量	减少后测量[b]
$X \leqslant 0.085$	5	—
$0.085 < X \leqslant 6.37$	9	—
$6.37 < X \leqslant 7.08$	10	—
$7.08 < X \leqslant 8.50$	12	—
$8.5 < X \leqslant 9.91$	14	—
$9.91 < X \leqslant 11.33$	16	—
$11.33 < X \leqslant 14.16$	20	18
$14.16 < X \leqslant 16.99$	24	19
$16.99 < X \leqslant 19.82$	28	20
$19.82 < X \leqslant 22.65$	32	21
$22.65 < X \leqslant 25.49$	36	22
$25.48 < X \leqslant 28.32$	40	23
$28.32 < X \leqslant 31.15$	40	24
$31.15 < X \leqslant 33.98$	40	25
$33.98 < X$	40	25

a 对于热处理用冷藏设备,至少用9支热电偶。对于非热处理用的冷藏设备,设备容积不大于6.37 m³ 时至少用2支热电偶,大于6.37 m³ 时至少用9支。

b 只有经质量部门书面批准可采用减少热电偶的测量方法。对于1级和2级,A和C型热加工设备,经过4次成功温度均匀性测试后,可减少测试热电偶的数量要求。对于其他等级设备,当经过3次成功测试后,可减少测试热电偶的数量。对于其他等级设备,当经过3次成功测试后,可减少测试热电偶的数量。

对于有效工作区容积大于 6.37 m³ 的设备,在满足工作区为 0.085 m³ $< X \leqslant$ 6.37 m³ 时的热电偶分布前提下,按表5-3温度均匀性测量所需热电偶的最小数目要求,另增的温度均匀性测试热电偶应均匀分布在有效工作区内具有最佳代表性之处。

立体法测定设备温度均匀性过程中测试热电偶分布的最低要求如图5-6、图5-7所示,实际测试过程测试热电偶分布如图5-8所示。测试过程中测试偶的热端应布置在设备有效工作区内,测试所得温度合格区域即为设备有效工作区。

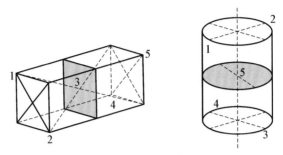

图 5-6 工作区容积≤0.085 m³ 时的热电偶分布

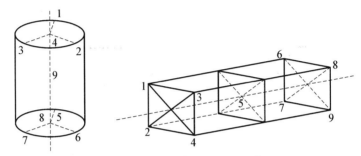

图 5-7 工作区容积为 0.085 m³<X≤6.37 m³ 时的热电偶分布

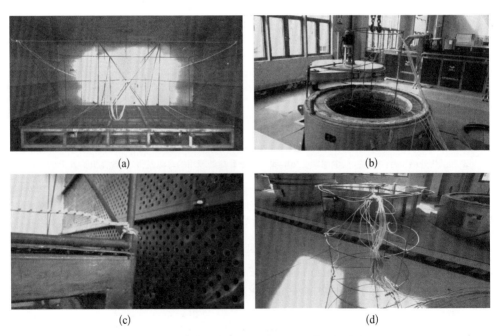

图 5-8 温度均匀性测试过程中的热电偶分布

(a) 烘箱及测温架 (b) 井式炉测温装炉
(c) 热电偶绑在测温架的位置 (d) 测温架及热电偶

如图 5-6 所示,对于有效工作区容积小于等于 0.085 m³ 的设备,应将 4 支温度均匀性测试热电偶布置在 4 个角,一支布置在中心点。如果有效工作区容积呈圆柱形,应将 4 支热电偶分布在圆周相隔 90°的位置,一支布置在中心点。无论哪种情况,所有的温度均匀性测试热电偶都应布置在合格的有效工作区内具有最佳代表性之处。

如图 5-7 所示,对于有效工作区容积大于 0.085 m³ 且小于等于 6.37 m³ 的设备,应将 8 支热电偶布置在个个角落上,1 支布置在中心点。如果有效工作区容积呈圆柱形,应将 3 支测试热电偶布置在每端的圆周上相隔 120°的位置,其余的热电偶,1 支布置在中心点,另外两支分布到有效工作区的最佳代表之处。生产过程中烘箱和井式炉的温度均匀性测试过程热电偶的排布如图 5-8 所示,该测温过称为测温架测温,将测试热电偶固定在测温架与图 5-7 相对应的测试点后进行测试。

平面法测定设备温度均匀性过程中测试热电偶分布的最低要求如图 5-9～图 5-12所示。按照液体槽或烘房尺寸,根据表 5-3 要求计算所需热电偶总数。总的热电偶数量/每个平面要求的热电偶数量=测试平面数量,测试过程中应根据液体槽或烘房尺寸来平均分布这些平面。

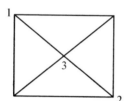

图 5-9　工作区域高度小于等于
300 mm 的热电偶分布

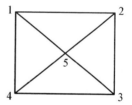

图 5-10　工作区域高度大于 300 mm
且横截面小于等于 0.75 m² 的热电偶分布

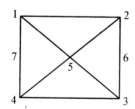

图 5-11　工作区横截面图 0.75 m² <
$X \leqslant 1.5$ m² 的热电偶分布

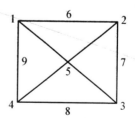

5-12　工作区域横截面大于
1.5 m² 的热电偶分布

平面法进行温度均匀性测试时热电偶数量和分布应满足如下要求:工作区高度小于等于 300 mm 的设备,最少使用 3 支测试热电偶。将两支测试热电偶布置在工作拐角的 76 mm 范围之内,一支布置在中心点(见图 5-9)。对宽度超过2.4 m的工作区,每 610 mm 另增一支测试热电偶,增加的温度均匀性测试热电偶应在垂直于移动方向的整个平面内均匀分布。工作区高度大于 300 mm 且横截面小于等于 0.75 m² 的设备,最少使用 5 支测试热电偶。将 4 支温度均匀性测试热电偶布置在工作区角落的 76 mm 的范围内,一支布置在中心点(见图 5 - 10)。工作区横截面大于 0.75 m² 且小于等于 1.5 m² 的设备,至少使用 7 支测试热电偶。将 4 支温度均匀性测试热电偶布置在工作区角落的 76 mm 的范围之内,剩余的布置在垂直于移动方向的平面中心周围对称的布置(见图 5 - 11)。工作区横截面积大于 1.5 m² 的设备,应用 9 支测试热电偶。将 4 支温度均匀性测试热电偶布置在工作区角落的 76 mm 的范围之内,剩余的布置在垂直于移动方向的平面中心周围对称的布置(见图 5 - 12)。

生产过程中,如喷漆烘房采用平面测温法时测试热电偶分布如图 5 - 13 所示,按不同工作区截面划分方法将测试热电偶固定在平面测温架上进行测温。测温过程中数据采集间隔不超过 2 min,采集 30 min 后将平面移动至下个位置,直至平移次数符合要求:

平移次数 = 有效区体积所对应热电偶数量(见表 5 - 3)÷ 平面布置热电偶数量

(a)   (b)

图 5 - 13 平面法温度均匀性测试中的热电偶分布
(a) 烘房及测温架   (b) 热电偶固定在测温架的位置

5.2.2.2 模拟生产的温度均匀性测试过程

温度均匀性测试过程应反映生产中设备的正常运行情况,如测试过程中的设备参数设定、热电偶的插入深度、装载情况、风机的运转、设备内的气氛、使用中的真空度等应尽可能与实际生产时设备的设定一致。如果生产中设备的正常操作是将材料放入冷的设备中,则禁止预加热设备后再进行温度均匀性测试;如果生产中设备的正常操作是将材料放入热的设备中,则将温度均匀性测试热电偶插入到设备时,设备稳定在或低于测试温度都是允许的。如果生产过程中设备状态发生改变,需按新的参数和状态进行初始温度均匀性测试。

温度均匀性测试可在实际或模拟生产装载、测温架或空载情况下进行，通常以平均生产装载量或模拟生产装载量的方式进行测试。设备的装载量应在初次温度均匀性测试期间确定，周期测温时应使用同样的装载量，如果有改变需按新的装载量进行一次初次测温，以使新的装载情况生效。对于进行冷炉装料的铝合金人工时效炉，必须在模拟生产装载量（按体积计算）的条件下进行温度均匀性测试。

温度均匀性测试应在常用气氛中进行。对生产中用到可能污染到测试热电偶（如渗碳、渗氮）或可能造成安全危害（如含氢和氨）气氛的设备测温，可用空气或惰性气体代替。真空设备的温度均匀性测试应在生产过程中使用到的最低真空度条件下进行。

只有最高或最低或温度范围设备测试温度可以任意设定，但是必须满足其系统精度和温度均匀性容差要求，且测试时设定点应与生产过程中设定点保持一致。

5.2.3　设备温度均匀性测试周期

设备温度均匀性测试周期应满足表5-4的要求，如果改变其测试周期，必须经过质量部门批准。若出现工艺温度变化或设备等级更改等情况，需按照新的要求进行测试。专用设备可根据测温记录改变其测试周期。温度均匀性测试允许延长时间如表5-5所示。采用最大周期后，一旦出现不合格应恢复到正常周期。

表5-4　温度均匀性测试周期[a~h]

设备等级	温度均匀性/℃	仪表类型	测试周期
1	±3	A、B、C、D	每月
2	±6	A、B、C、D	每月
3	±8	A、B、C、D	每季
4	±10	A、B、C、D	每季
5	±14	A、B、C、D	每季
6	±28	A、B、C	每年
		D、E	半年
7	只有最高或最低温度范围	E、F	每年

a 用于实验室非热处理烘箱的测试周期为6个月。

b 用于消除氢脆的炉子的测试周期为6个月。

c 用于喷漆时固化烘干的烘房的测试周期为12个月。

d 超塑成型设备的测试周期为6个月。

e 复合材料工艺用烘箱（固化炉）的测试周期为6个月。

f 冷藏设备，首次或大修后应进行一次温度均匀性测试，以便于确定温度设定点，从而保证温度场满足其工艺要求。淬火设备不需要温度均匀测试。

g 用于表面处理工艺的主槽（铝合计化铣槽、阳极化膜封闭槽、化学转化膜槽、阳极氧化槽）测试周期为2年；对于带有搅拌的表面处理槽只需要进行初次均匀性测试，之后只有设备经过修理或可能改变加热性能时才重新进行均匀性测试。

h 如有关工艺标准中有具体要求，执行其工艺要求。

表 5-5　温度均匀测试允许延长的周期

校准/测试周期	允许的超出规定校验/测试日期的延长时间/天	校准/测试周期	允许的超出规定校验/测试日期的延长时间/天
1 周	1	1 季度	4
2 周	2	半年	6
1 个月	3	1 年	12

5.2.4　温度均匀性测试中的特殊情况

5.2.4.1　特殊工艺和设备的温度均匀性测试

本节对生产过程中用到的特殊设备和工艺需做的特殊测温过程做详细介绍。装有 A 类和 C 类仪表的设备要求记录和指示每个控制区的最高和最低温度,故应尽量保证最高和最低温度工艺热电偶与温度均匀性测试结果保持一致。如果整个控制区的温度均匀性没有超过温度均匀性最大容差的一半,或在当前记录位置上测得温度与在实际各自最高和最低点测得温度之间的差异小于系统精度测试容差,则不要求重新定位热电偶。如不满足以上条件,需对工艺热电偶进行重新定位。

(1) 辐射测试。用于铝合金固溶热处理的空气炉,当热源直接辐射到炉料时,使用前应在最高的合格温度点进行辐射测试。当设备经历过任何的损坏或修理导致辐射特性发生变化时需重新进行辐射测试。辐射测试板为(305×305)mm、厚度不大于 3 mm,在空气中加热到 521～545℃ 后空冷到室温的 6061 铝板。将普通测试热电偶粘贴或焊接在此铝板上制成辐射测试热电偶(见图 5-14)。也可使用螺钉将辐射测试热电偶的热端固定在测试板和同材质的垫片中间(见图 5-15)。辐射测试过程中,每 0.93 ㎡ 的加热墙对应布置一块辐射测试板。测试板应面对热源均匀分布在工作区域的外围(见图 5-16 和图 5-17)。所有辐射测试热电偶的读数都应满足表 4-2 的要求。

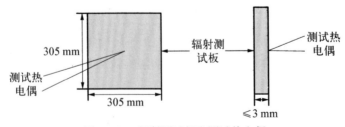

图 5-14　辐射测试板和测试热电偶

(2) 铝合金固溶热处理回复时间测试。铝合金固溶热处理需进行回复时间测试如图 5-18 所示,其回复时间为 $|t_4 - t_3|$。用于包铝合金的退火或固溶处理的炉子和盐槽,在装炉料之后需在以下所述规定时间内回复到所规定的温度范围,对厚

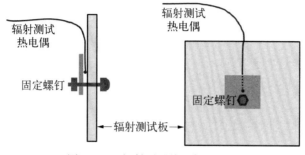

图 5-15 辐射测试热电偶的安装

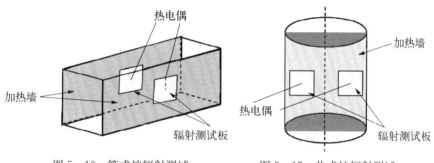

图 5-16 箱式炉辐射测试　　　　　图 5-17 井式炉辐射测试

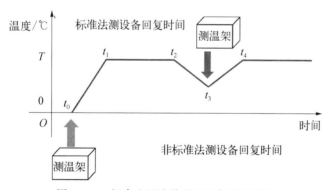

图 5-18 铝合金固溶热处理回复时间测试

度≤2.5 mm 的零件回复时间为 30 min,对厚度>2.5 mm 的零件回复时间为 60 min。对铝合金固溶工艺设备,温度最高的测试热电偶到达温度范围下限和温度最低的测试热电偶到达温度范围下限之间的时间间隔,最大不应超过该设备鉴定时的工艺保温时间,否则视为不合格。

由于炉子规格或设计原因,测试热电偶无法在炉温稳定后插入的,可采用非标准温度测试法,即测试热电偶在室温下放入炉内,设备升至设定温度后打开炉门使温度至少下降 56℃(模拟生产炉料放入)后关上炉门,炉门关闭时刻视为测试热电偶插入时间。所有测试读数应从第一支测试热电偶达到测试温度容差下限开始记录，如果炉温控制热电偶首先达到设定点温度，应从此时开始记录。应至少每隔2 min读取所有温度均匀性测试热电偶的数据，直至所有热电偶在测试温度点稳定后，继续数据采集至少30 min。

图5-19为铝合金固溶热处理用到的某JH75型井式炉回复时间测试数据。从该图可以看出，本次测试将热加工设备升温至529℃后恒温，13:03开炉门降温至422℃，13:15时关闭炉门，13:30设备升温至设定温度529℃。本次降温过程温度下降107℃，回复到设定温度529℃所需回复时间为15 min。

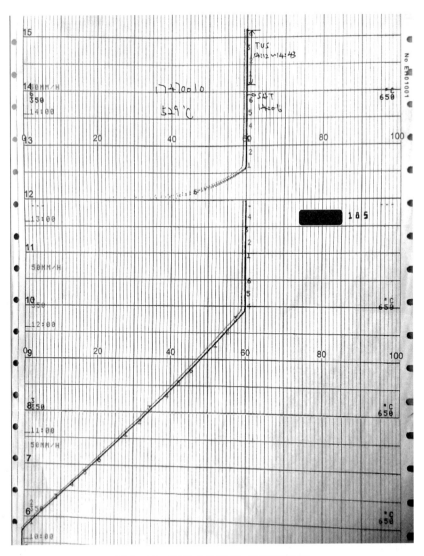

图5-19　某井式炉回复时间测试数据

（3）真空炉的测温。专门用于热处理工艺的真空炉,初次温度均匀性测试需在绝对压力不大于 $1~\mu mHg$ 的真空度条件下进行。本书中有关周期、热电偶数量和分布、装载情况、测量温度范围等的要求同样适用于真空炉的测试。如果使用 A 类和 C 类仪表配置,则高低温工艺热电偶应固定在热处理料框上或设备内部结构上,每次测温和生产前都应放置在最近一次温度均匀性测试测得的温度最高和最低处。

（4）热压罐的测温。热压罐温度均匀性测试项目包括空载测试和满载测试。空载测试包括温度均匀性测试(升温速率、降温速率)、系统精度测试、泄漏率测试、热压罐正压测试、真空管路负压泄漏测试。满载测试包括最大装载量测试、热压罐最大压力测试、升温速率测试、冷却速率测试、真空袋压力测试。满载测试时热压罐装载和设备内部热电偶安装情况如图 5-20 所示(a)。热压罐内部应干净,无尘无油,无对胶接结构有害的物质,建议有超温、过压报警。

(a)   (b)

图 5-20　热压罐满载测试装载和热电偶安装
(a) 热压罐满载测试装置　(b) 测试热电偶与热压罐插接

进行热压罐空载测试过程中,体积小于等于 $283~m^3$ 的热压罐需放置 9 支传感器,如图 5-21 所示。对体积大于 $283~m^3$ 的热压罐,将其沿纵轴横向分成几个体积小于或等于 $283~m^3$ 的近似等大区域,在每个区域内至少放置 9 支热电偶。每增加一个区域,应增加 5 支热电偶。

空载测试过程如下:将真空管路连接、端口封闭,施加至少 $-75~kPa$ 的真空,将热压罐加压到 $(310\pm34)~kPa$,关闭所有真空管路和通大气管路,进行泄漏率测试。确保至少 5 min 管路内所有压力传感器显示压力变化不超过 17 kPa。若发生更大的压力变化,应停止测试并进行必要的补救以消除漏气源。完成上述测试后将真空管路接通大气。以设定的升温速率(以罐内气体温度为准)加热到最大固化和/

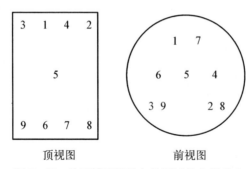

图 5-21　热压罐温度均匀性测试热电偶分布

或后处理温度。在控温热电偶达到保温平台后的 10 min 内,每支热电偶的读数都应该达到保温平台温度±6℃范围,整个过程所有热电偶的读数都不能超过保温平台温度+6℃。测试完成后,采用常规操作程序将热压罐冷却到环境温度并卸压,降温速率不作要求。

进行满载测试时,应将热压罐装载至生产条件下能够出现的最大热量吸收状态。装载物的热容量和导热性应与零件类似,可包括支架、工装、平板以及固化或未固化的报废层压板以及至少 2 个真空袋封装组合。将用于满载测试的零件放置在成型模具或胶接工装上,用真空塑料薄膜、隔离膜和吸胶材料制真空袋。每个袋内模拟件上至少放置 6 支热电偶,并连接到热压罐的记录仪表,该热电偶应放置在实际或模拟的边缘透气材料和零件的余量处。每个真空袋至少连通一个压力传感器,压力测量方式如图 5-22 所示。至少有一个压力传感管路放置在距离通大气管路最远处,以验证真空袋内形成完整的气体通路,且所有压力传感器不能以任何方式通大气。在真空袋内合理摆放热电偶,以测量最大质量的装载(包括工装)温度。将罐内压力加到适用的工艺规范或图纸中要求的最大压力。

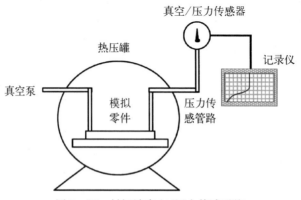

图 5-22　封闭端真空/压力传感系统

按热压罐操作人员选定的升温速率或固化参数升温,由零件滞后热电偶的温度数据计算得出的最小升温速率应满足工艺要求。领先热电偶的升温速率不应超过相应工艺最高升温速率要求。领先热电偶达到设定温度后,最长允许经过60 min来使零件达到热平衡。每支热电偶的温度读数应在设定温度±6℃范围内保持至少 30 min。在整个模拟的固化过程中,罐内压力应稳定在(310±34)kPa 或(689±34)kPa 或适用的工艺规范及图纸要求的最大压力范围。

在以上测试过程中,按如下要求检查真空袋内压力:如果真空袋内压力采用连续记录,按照上文要求测量时,真空袋内压力不超过 34 kPa。如果真空袋内压力采用手工记录时,按如下要求记录压力读数:热压罐达到满压时的压力值,温度刚达到工艺设定温度点时的压力值,保温阶段结束且降温开始前的压力值。

满载测试结束后,将热压罐冷却到 52℃,冷却速率不大于 3℃/min。保存温度、压力曲线图和其他工艺参数记录。

(5)加热板或模具的测温。以加热板为加热元件的设备至少用 5 支热电偶或每 0.93 m³ 一支热电偶进行温度均匀性测试,两者中取多者,且只需初次测温。长方形加热板和模具的测温,测试热电偶位置分布如图 5-23 所示。圆形加热板或模具的测温,测试热电偶位置分布如图 5-24 所示。加热板或模具的系统精度测试周期为半年,精度为±2.8℃或工艺要求。不便采用系统精度校验方法测试的设备,可以对工艺热电偶、补偿导线、工艺仪表分别校准,但是工艺系统整体误差需小于±2.8℃或工艺要求;或是将工艺热电偶置入稳定的温场,对控制/显示/记录系统精度进行校准,整体误差需小于±2.8℃或工艺要求。

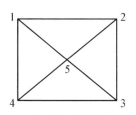
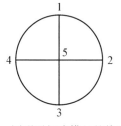

图 5-23　长方形平板的热电偶分布　　图 5-24　圆形平板或模具的热电偶分布

(6)冰箱和淬火设备的测温。冷藏设备仅首次或大修之后进行一次温度均匀性测试,以便确定温度设定点。淬火设备不需要温度均匀性测试。

(7)热处理工艺实验室炉子的测温。使用装载热电偶的实验室炉子要求如下:满足相应的工艺规范或材料规范要求;每季度进行系统精度测试;装载热电偶必须满足前文相关要求;控制仪表每季度校准;首次温度均匀性测试合格,且连续两次每季度测试合格后,可以经过质量部门书面批准把周期延长到半年。未使用装载热电偶的实验室炉子,则应按照生产设备的要求进行测试。除非实验室炉子完全符合本书要求,否则不允许用于任何产品零件和产品原材料的生产加工。

5.2.4.2　温度均匀性测试传感器失效

温度均匀性测试过程中不允许在工作区角落位置的测试热电偶失效。如有时短路或连接松动重新恢复正常温度读数不能看成是热电偶失效,不构成测试失效,除非两个相邻的传感器失效或失效的温度均匀性测试热电偶数量超过了下列标准:

3~9 支测试热电偶不允许失效;

10~16 支测试热电偶允许 1 支测试热电偶失效;

17~23 支测试热电偶允许 2 支测试热电偶失效;

24~39 支测试热电偶允许 3 支测试热电偶失效;

大于等于 40 支测试热电偶允许≤10%的测试热电偶失效。

失效的热电偶必须在温度均匀性测试报告中注明。对于每个失效温度均匀性测试热电偶应记录失效原因并采取纠正措施(如有可能)以防止或减少今后出现由相同原因导致的失效。

5.2.4.3　温度均匀性测试通过与不合格

满足下列所有要求的温度均匀性测试可以认为是通过的:整个测试过程中,测试热电偶和工艺热电偶读数都未出现过冲;在温度稳定后,所有测试热电偶和工艺热电偶读数都未超容差范围;达到恢复和稳定时间满足工艺规范要求;满足温度均匀性测试的最少时间要求。对于温度均匀性测试不合格的设备应进行修理、调试,并根据修缮情况决定是否需重新进行初次测温。

5.2.5　温度均匀性测试报告

温度均匀性报告包括以下项目:

(1) 热加工设备的名称和编号;

(2) 测试的温度;

(3) 温度均匀性测试热电偶和分布,包括使用的炉料或测温架详细的图标、描述(测试时为空载、装载、装载量、测温架)或照片;

(4) 修正系数和在每个测试温度点修正或未修正的所有温度均匀性测试热电偶的读数,且这些读数需要指明是经过修正还是未修正的;

(5) 测试人员;

(6) 测试开始时间、日期;

(7) 测试结束时间、日期;

(8) 测试仪表编号;

(9) 测试成功或失败的说明;

(10) 温度均匀测试热电偶和工艺仪表的时间、温度数据;

(11) 质量保证部门的批准。

虽然不是温度均匀性测试报告的要求部分,当有需求时下列信息可以马上提供至现场：温度均匀测试热电偶的校准报告；控制和记录热电偶的校准报告；控制、记录传感器的图标，装载热电偶和温度均匀测试热电偶的三维分布图。

所有的包括标准器、仪表、系统精度校验、温度均匀性测试，还有一切测试或检查失败的记录都要保留，以备检查。

例： 某 JH75 型井式炉为二级设备，C 类仪表，在 529℃的温度均匀性测试报告样表见附录 4。

附录 5 为 ASC 公司生产的 EC‐4.5×11 m 热压罐在设定温度为 127℃，氮气压力为 689 kPa，空载条件下的高温测量结果（含系统精度测试和温度均匀性测试）。本次测试中温度均匀性和系统精度测试同时进行，在 14∶59 温度开始下降，即设备内部温度稳定，此时可作为测量记录的开始时间。

附录 6 是型号为 2.0VP—4066/138MHVS 的真空炉在压力为 0.013 Pa，538℃时的温度均匀性和系统精度测试报告（含系统精度和温度均匀性测试结果）。该设备有效区尺寸为 3 500×1 200×1 200（mm³）。测试过程中温度在 21∶04 达到稳定，数据记录开始有效。

附录 7 为本书作者在审核过程中发现频率最高的，及 NADCAP 审核常见高温测量相关问题的汇总。

6 高温测量常见问题关注及分析

6.1 高温测量常见问题关注

1）管理关注

（1）AMS2750 要求：粘贴在或靠近仪器的标签应指明最近进行过的成功的校准。

标签至少应包括：

a. 进行校准的日期；

b. 下次校准的到期日期；

c. 进行校准的技术人员；

d. 标签上应指明所有限制或约束。

为什么？

回答：最近，有些 NCR 的开具是因为校准标签上没有写限制条件，即使在设备合格工作范围内没有校准和使用限制。没有明确或者含蓄的条款要求标签上必须写"None"或者类似语句来表面设备没有使用限制。

本条款的目的是为了列出设备在合格操作范围内的使用限制。这对于操作人或者检验人员在使用中决定合适的操作来说都是必要的。以下也是可以接受的：① 在标签上注明"具体限制见校准报告"；② 如果限制很多，不方便在标签上写全，则在标签上注明类似显示设备确实有"使用限制"的语句。

（2）热电偶修正值怎样使用？

常用修正系数使用方法有内插法、就近原则选取法等。如内插法，允许在两个已知点之间插值，不允许在已知点外插值，将修正系数与显示读数相加得到实际温度。内插法分为两个步骤：一是计算中间温度，采用一个数字比值（插值）；二是画出修正系数和温度曲线，并从相应曲线中读出修正系数。如：100℃时的修正值为 0.4℃，200℃时的修正值为 0.2℃，则 160℃时的修正值为 0.32℃，修约后为 0.3℃。而就近选取法则是选择靠近测试时使用的热电偶修正系数为测试温度点离热电偶校准点温度最近的修正值，当使用温度为两校准点中间位置时，采用偏离使用温度较大的修正值。如：100℃时的修正值为 0.4℃，200℃时的修正值为 0.2℃，则 160℃时的修正值为 0.2℃。禁止对高于最高校准温度和低于最低校准温度的温度校准点修正系数进行估算。使用单位应在计量管理程序中规定修正系数使用方法。

2）人员关注

（1）在进行温度均匀性测试时,测试热电偶绑在测温架上末端,而且测试热电偶测试区间应包含整个有效工作区。

（2）在进行系统测试时,应注意测试热电偶与被测工艺热电偶距离在76 cm范围内,且保持该两支热电偶末端平行。

（3）在校验范围的最高和最低温度点使用热电偶是否符合要求？例如,如果一支热电偶导线是在1 000℉,1 250℉,1 500℉,1 750℉和2 000℉（542℃,682℃,822℃,962℃,1 102℃）做的校验,那么是否允许用它在1 000℉（542℃）或2 000℉（1 102℃）下做TUS？通常情况下在1 000℉（542℃）做TUS可能会包括一些低于传感器校验最低点1 000℉（542℃）的温度点;同样,在2 000℉（1 102℃）做TUS可能会包括一些高于传感器校验最高点2 000℉（1 102℃）的温度点。

回答：允许把传感器校验温度范围的最高和最低点作为炉温"设定点"的名义值。举例来说明这个问题：允许使用最低校验温度点为1 000℉（542℃）的热电偶来对一个设定温度在1 000℉（542℃）,温度均匀性要求是＋/－25℉（＋/－14℃）的炉子做TUS;同理,也可以用使用最高校验温度点为2 000℉（1 102℃）的热电偶来对一个设定温度在2 000℉（1 102℃）,温度均匀性要求是＋/－25℉（＋/－14℃）的炉子做TUS。

3）测试设备及热电偶问题关注

（1）对于AMS2750中提到的"二级标准仪器及现场测试仪器的校准应按照制造商说明进行。这些仪器应测试至少6个模拟传感器输入信号。应包括用于测试或校准的工作范围的最小和最大值,以及正常工作代表区域之间或仪器用于测试或校准的整个范围的近似相等的间距中的最少4个点。"不同于已经定义了基于初次TUS的"合格的操作温度范围"的炉子仪表,测试仪器的"操作范围"根据不同炉子的要求都不一样。对于高温测量设备提供商尤其如此。要求仪表提供商根据不同设备采用特定范围是不公平的。

回答：无论供应商是设备提供商还是仪表提供商,对于针对每台炉子的测试仪器的操作范围需要留有余量。需要明白的是,测试仪器只能使用在操作范围内,不允许超出范围使用。

（2）对于AMS2750中定义非易耗性廉金属负载热电偶的使用寿命时,对"使用的最大次数或最长使用时间,取先到的那一个"的意思有多种解释。"最长使用时间"的定义是什么？这个术语是否是指非易耗性负载传感器第一次使用后的最大天数？

回答：是的。"最长使用时间"是从第一次使用起开始计算。无论其经历的温度周期的次数,最长使用时间（当指明时）是指从第一次使用起的日历日天数。

（3）在 AMS2750 中，用于系统精度测试的 K 型或 E 型热电偶的使用限制是什么？

回答：AMS2750 中并没有限制 K 型及 E 型热电偶用作系统精度测试（在任何温度下）。因此，我们可以认为 K 型及 E 型热电偶（易耗型及非易耗型）再用作系统精度测试时的使用间隔与其他廉金属热电偶如 J 型热电偶一样。但是 AMS2750 允许的最大使用期限为 3 个月（在超过 500F 使用时），不能重新校验 K 型及 E 型热电偶（如丢弃）。为了避免插入深度的问题，建议使用 N 型热电偶。此外，N 型热电偶通常要比 K 型及 E 型热电偶稳定时间长。

4）热加工设备问题关注

（1）注意热加工设备的工艺仪表类型、精度、等级选用正确。

（2）工艺仪表的校验周期符合相关要求。

（3）一个高温测量服务企业用平面法对一个 3.5 ft（英尺，1 ft＝3.048×10⁻¹ m）高，超过 10 ft 宽工作区域的连续炉进行温度均匀性测试该怎样布置测试热电偶？

回答：对于一个工作区域横截面大于等于 16 ft²（1.5 m²）的炉子来说，TUS 传感器的数量必须是 9 个。我们可以在平面的四个顶角放置四个测试热电偶，再在平面的中心放置一个热电偶，并且将剩余的测试热电偶对称的放置在平面中心，以更好地代表工作区的横截面。

（4）对于 AMS2750 中提到的"不允许在工作区拐角处的 TUS 传感器失效"问题，有些人认为，单词"拐角"暗指工作区为方形或长方形。"拐角"处传感器失效的限制是否对柱体工作区末端平面失效也同样适用？

回答：单词"拐角"对柱体工作区每一末端圆周平面的三个传感器同样适用。

（5）TUS 在某一温度下失效，但在其他温度下合格。是否允许在通过测试的温度下使用热处理炉？

回答：这种情况下要求临时重新定义合格的温度范围，以记录炉子能够满足公差的温度范围。这里同时也要考虑炉子做初始 TUS 所要求的温度范围（例如，新的或临时的工作范围可能要求在每一合格范围的上限及下限进行操作）。

（6）如果某厂使用的炉子只在一个设定温度：1 500℉（822℃）下工作。这种情况下推荐的仪器校验方法是什么？

回答：首先可以使用仪器制造商的推荐方法；如果不使用仪器制造商推荐方法的话，允许在单一温度点进行校验；如果有些热处理厂商认为单一温度点进行校验不够充分。在这种情况下，也可以使用三点法，可以在设定温度点之上和之下再取两个点来进行校验。

（7）对于一个多通道仪器，是否要求对每一通道都要做灵敏度测试？

回答：用于航空热处理的仪器类型种类繁多。为了防止人们对具体某种仪器配置做出自己的解释，我们要求在校验时对使用的每一个有可能被改变或调整的通道都进行灵敏度检验。

(8) 初始和周期性 TUS 测试温度的举例。有一个炉子,其工作温度范围是300～1 200°F,并且其整个工作范围的温度误差为±10°F,这个炉子可以接受的初始和定期 TUS 测试周期是多少?

回答:初次的测试需要至少三个温度:300°F,1 200°F,第三个温度选择600～900°F之间的一个温度(这个 600～900°F之间的这个温度与工作温度范围的上下限之间的差不应超过 600°F)。

推荐一种更容易理解的方法,把整个工作温度范围分为不超过 600°F 的中间温度范围。即 300～800°F可以是一个温度范围,800～1 200°F可以是第二个中间温度范围。

在定期温度均匀性测试中,将在较低温度范围中选择一个温度,并在较高温度范围中选择另一个温度。这里有一个限制,所选择的两个温度之间不能超过 600°F。

定期温度均匀性测试,每年至少一次必须在整个合格操作范围的最低温(例子中的 300°F)和最高温下测试(例子中的 1 200°F)。ZMS2750 还要求"每个温度范围的最低温和最高温"进行测试。这里有两个温度范围:300～800°F 和 800～1 200°F。在 800°F每年进行一次测试将同时满足两个温度范围。

这个炉子做温度均匀性测试的计划可以举例如下(假定其测试周期为每月一次):

一月:300°F	800°F
二月:400°F	900°F
三月:500°F	1 000°F
四月:600°F	1 100°F
五月:700°F	1 200°F

6.2 高温测量问题分析

一般高温测量问题可归纳为以下三类:

(1) 其中单位内部缺少完整测试规程的问题为管理不到位的问题。

(2) 与热电偶、仪表和设备相关问题为设备计量不到位的问题。

(3) 系统精度、温度均匀性测试相关的测试人员技能不足的问题。

为避免高温测量方面出现问题应做好以下工作:

(1) 单位内部应完善管理程序,根据客户要求编写符合公司内部生产要求的文件。

(2) 计量部门应根据客户规范要求对生产中的热电偶和仪表等进行定期校准,以确保生产中使用的设备均符合客户要求。

(3) 计量人员应清楚客户工艺规范涉及的测试和工艺设备的使用和计量要求。

(4) 做好各类设备检定报告和计量证书的保存工作。

（5）建议使用设备标签、清单和管理软件等工具对设备进行管理，明确生产现场各设备合格的工作范围。

（6）加强人员培训，充分理解客户工艺规范内容，确保能测试人员能进行正确的测试测量，并加强测量操作人员实际操作能力的培训及考核，设备测试过程的正确性。

（7）建议质量部门对高温测量工艺定期组织有效的监察，并做好问题汇总。

附　　录

附录1　工艺热电偶测试报告样表

工艺传感器测试报告

报告编号：					
检定编号：		使用单位：		设备等级：	
测试仪器检定号：		测试仪器型号：		测试仪器校准日期：	
测试传感器检定号：		测试传感器校准日期：		测试传感器使用次数：	
测试传感器分度号：		工艺传感器分度号：			
最大偏差(修正后)/℃：		最大偏差位置：		测试日期：	

控制区	项　目		测试点	记录时间		测试仪器修正：	测试传感器修正：
	控制记录/℃	实际温度(修正后)					
		工艺传感器读数					
	高值记录/℃	实际温度(修正后)					
		工艺传感器读数					
	低值记录/℃	实际温度(修正后)					
		工艺传感器读数					
控制区	项　目		测试点	记录时间		测试仪器修正：	测试传感器修正：
	控制记录/℃	实际温度(修正后)					
		工艺传感器读数					
	高值记录/℃	实际温度(修正后)					
		工艺传感器读数					
	低值记录/℃	实际温度(修正后)					
		工艺传感器读数					
备注：							
测试人员：		核验人员：		批准人员：			

附录2 仪表测试报告样表

温度记录仪校准原始数据记录表

接收日期：		登记号：	
委托单位：		委托单位地址：	
设备名称：	制造厂商：	型号/规格：	设备编号：
校准地点： 实验室 □ 现场 □	校准日期：	温度/℃：	湿度/%RH：
本次校准所依据技术文件(名称和编号)： JJG 74 《工业过程测量记录仪检定规程》 □ SCPC—0507 《数字温度指示仪》 □ 其他： □			
本次校准所使用的主要设备： 名称/型号 准确度/等级 设备编号 证书编号/有效期			
测量结果的不确定度：			
校 准 原 始 数 据 记 录			
外观：□合格 □不合格			
工作范围： ~ ℃	精度要求：±1.1℃ □ ±2.8℃ □ 其他：		
记录速度：	仪表内原有修正： ℃	有意补偿： ℃	
实际使用型号：K □ N □ S □ T □ PT100 □ PT1000 □ 其他：			
备注(客户要求) 建议有效日期： 校准结论：			
校准人员：	核验人员：	批准者：	证书/报告编号：

（续表）

设备名称：	型号/规格：	设备编号：	校准日期：	证书/报告编号：

<table>
<tr><td colspan="7" align="center">校 准 原 始 数 据 记 录</td></tr>
<tr><td colspan="7" align="center">指 示 部 分</td></tr>
<tr><td rowspan="2">通道号</td><td rowspan="2">标准值/℃</td><td colspan="2" align="center">被测值/℃</td><td rowspan="2">误差值</td><td rowspan="2">修正值/℃</td><td rowspan="2">灵敏度/℃</td></tr>
<tr><td>上行程</td><td>下行程</td></tr>
<tr><td rowspan="4"></td><td></td><td></td><td></td><td></td><td></td><td rowspan="4"></td></tr>
<tr><td></td><td></td><td></td><td></td><td></td></tr>
<tr><td></td><td></td><td></td><td></td><td></td></tr>
<tr><td></td><td></td><td></td><td></td><td></td></tr>
<tr><td rowspan="4"></td><td></td><td></td><td></td><td></td><td></td><td rowspan="4"></td></tr>
<tr><td></td><td></td><td></td><td></td><td></td></tr>
<tr><td></td><td></td><td></td><td></td><td></td></tr>
<tr><td></td><td></td><td></td><td></td><td></td></tr>
<tr><td rowspan="4"></td><td></td><td></td><td></td><td></td><td></td><td rowspan="4"></td></tr>
<tr><td></td><td></td><td></td><td></td><td></td></tr>
<tr><td></td><td></td><td></td><td></td><td></td></tr>
<tr><td></td><td></td><td></td><td></td><td></td></tr>
<tr><td rowspan="4"></td><td></td><td></td><td></td><td></td><td></td><td rowspan="4"></td></tr>
<tr><td></td><td></td><td></td><td></td><td></td></tr>
<tr><td></td><td></td><td></td><td></td><td></td></tr>
<tr><td></td><td></td><td></td><td></td><td></td></tr>
<tr><td rowspan="4"></td><td></td><td></td><td></td><td></td><td></td><td rowspan="4"></td></tr>
<tr><td></td><td></td><td></td><td></td><td></td></tr>
<tr><td></td><td></td><td></td><td></td><td></td></tr>
<tr><td></td><td></td><td></td><td></td><td></td></tr>
<tr><td rowspan="4"></td><td></td><td></td><td></td><td></td><td></td><td rowspan="4"></td></tr>
<tr><td></td><td></td><td></td><td></td><td></td></tr>
<tr><td></td><td></td><td></td><td></td><td></td></tr>
<tr><td></td><td></td><td></td><td></td><td></td></tr>
<tr><td colspan="7">备注：</td></tr>
</table>

（续表）

设备名称：	型号/规格：		设备编号：	校准日期：		证书/报告编号：
校 准 原 始 数 据 记 录						
记 录 部 分						
通道号	被校记录值/℃	被测值/℃		误差值	修正值/℃	灵敏度/℃
		上行程	下行程			

备注：

温度控制仪校准原始数据记录表

接收日期：			登记号：	
委托单位：			委托单位地址：	
设备名称：	制造厂商：	型号/规格：		设备编号：
校准地点： 实验室 □ 现场 □	校准日期：	温度/℃：		湿度/%RH：

本次校准所依据技术文件(名称和编号)：JJG 617《数字温度指示调节仪检定规程》 □
　　　　　　　　　　　　　　　　　JJG 874《温度指示控制仪检定规程》 □
　　　　　　　　　　　　　　　　　SCPC—0507《数字温度指示仪》 □
　　　　　　　　　　　　　　　　　其他： □

本次校准所使用的主要设备：
名称/型号　　　　　　准确度/等级　　　　　　设备编号　　　　　　证书编号/有效期

测量结果的不确定度：

校 准 原 始 数 据 记 录

外观：□合格　□不合格

灵敏度：　　℃	精度要求：±1.1℃ □　　±2.8℃ □　　　其他：	
工作范围：　　～　　℃	仪表内原有修正：℃	有意补偿：℃
实际使用型号：K □　N □　S □　T □　J □　PT100 □　PT1000 □　　其他：		

备注(客户要求)
建议有效日期：
校准结论：

校准人员：	核验人员：	批准者：	证书/报告编号：

（续表）

设备名称：	型号/规格：	设备编号：	校准日期：	证书/报告编号：

<table>
<tr><td colspan="5" align="center">校 准 原 始 数 据 记 录</td></tr>
<tr><td rowspan="2" align="center">标准值/℃</td><td colspan="2" align="center">被测值/℃</td><td rowspan="2" align="center">误差值/℃</td><td rowspan="2" align="center">修正值/℃</td></tr>
<tr><td align="center">上行程</td><td align="center">下行程</td></tr>
<tr><td></td><td></td><td></td><td></td><td></td></tr>
<tr><td></td><td></td><td></td><td></td><td></td></tr>
<tr><td></td><td></td><td></td><td></td><td></td></tr>
<tr><td></td><td></td><td></td><td></td><td></td></tr>
<tr><td></td><td></td><td></td><td></td><td></td></tr>
<tr><td></td><td></td><td></td><td></td><td></td></tr>
<tr><td></td><td></td><td></td><td></td><td></td></tr>
<tr><td></td><td></td><td></td><td></td><td></td></tr>
<tr><td></td><td></td><td></td><td></td><td></td></tr>
<tr><td></td><td></td><td></td><td></td><td></td></tr>
<tr><td></td><td></td><td></td><td></td><td></td></tr>
<tr><td></td><td></td><td></td><td></td><td></td></tr>
<tr><td></td><td></td><td></td><td></td><td></td></tr>
<tr><td></td><td></td><td></td><td></td><td></td></tr>
<tr><td></td><td></td><td></td><td></td><td></td></tr>
<tr><td></td><td></td><td></td><td></td><td></td></tr>
<tr><td colspan="5">备注：</td></tr>
</table>

附录3　系统精度测试报告样表

系统精度测试报告

报告编号：									
手工计算：□		自动计算：□				版本号：2.04			
检定编号：			使用单位：			设备等级：		Ⅱ	
测试仪器检定号：			测试仪器型号：		2680A	测试仪器校准日期：		2015-9-28	
测试传感器检定号：			测试传感器分度号：		N	测试传感器校准日期：		2015-10-10；2015-9-16	
测试传感器使用次数：		1			工艺传感器分度号：			N	
系统校验数据采用时间：		12:58	设定温度/℃：		529.0	系统校验容差/℃：		±1.1	
测试规范：						测试日期：		2015-10-10	

位　置	工艺仪表编号	测试仪器通道	测试传感器编号	工艺仪表读数/℃	测试仪器读数/℃	测试仪器修正值/℃	测试传感器修正值/℃	实际温度(修正后)/℃	偏差/℃ A－G
一区控制		15	15	529.0	530.8	−0.1	−0.8	529.9	−0.9
一区控制记录		15	15	528.9	530.8	−0.1	−0.8	529.9	−1.0
一区报警记录		16	16	528.8	530.2	−0.1	−0.8	529.3	−0.5
一区低值记录		17	17	527.7	529.6	−0.1	−0.8	528.7	−1.0
二区控制		18	18	529.0	530.8	−0.1	−0.8	529.9	−0.9
二区控制记录		18	18	529.3	530.8	−0.1	−0.8	529.9	−0.6
二区报警记录		19	19	528.8	530.4	−0.1	−0.8	529.5	−0.7
二区低值记录		20	20	528.4	528.5	−0.1	−0.8	527.6	0.8
一区控制指示		15	15	528.8	530.8	−0.1	−0.8	529.9	−1.1
一区报警指示		16	16	528.8	530.2	−0.1	−0.8	529.3	−0.5
一区低值指示		17	17	527.7	529.6	−0.1	−0.8	528.7	−1.0
二区控制指示		18	18	529.3	530.8	−0.1	−0.8	529.9	−0.6
二区报警指示		19	19	528.8	530.4	−0.1	−0.8	529.5	−0.7
二区低值指示		20	20	528.5	528.5	−0.1	−0.8	527.6	0.9
—									0

备注：	—
结论：	符合±1.1℃系统精度容差要求

测试人员：	核验人员：	批准人员：

附录4 某井式回火炉的温度均匀性测试报告样表

温度均匀性测试报告

报告编号：					
手工计算：□		自动计算：□		版本号：2.04	
检定编号：		设备名称：	井式回火炉	设备编号：	
设备型号：		使用单位：		有效尺寸：(mm³)	φ800×1 000
设备等级：	Ⅱ	装载状态：	测温架	装载量：（千克）	—
测试仪器检定号：		测试仪器型号：	2680A	测试仪器校准日期：	2015 - 9 - 28
测试传感器检定号：		测试传感器分度号：	N	测试传感器校准日期：	2015 - 10 - 10；2015 - 9 - 16
测试传感器使用次数：		1			
设定温度/℃：	529.0	安全设定温度/℃：	534	温度均匀性容差/℃：	±5.6
超出容差温度（修正后）/℃：	—	超出设定温度（修正后）/℃：	1.0	低于设定温度（修正后）/℃：	2.8
过程中温度最大值（修正后）/℃：	532.4	过程中温度最大值时间：	12:26	过程中温度最大值的位置：	15
测试日期：	2015 - 10 - 10	到期日期：	—	均匀性测试开始时间：	13:04
均匀性测试结束时间：	13:34	测试规范：		均匀性补偿：	—

高低点温度及位置					
控制区	温度	位置	初测值（修正后）/℃	实际温度（修正后）/℃	变化量/℃ |A−B|
#1	最大值	8	529.5	530.0	0.5
	最小值	22	526.8	526.2	0.6
#2	最大值	18	529.9	530.0	0.1
	最小值	14	527.0	526.9	0.1
—	最大值	—	—	—	—
	最小值	—	—	—	—
—	最大值	—	— —	—	—
	最小值	—	—	—	—

备注：			
结论：	符合	要求	
测试人员：	核验人员：	批准人员：	

（续表）

报告编号：					
手工计算：□		自动计算：□		版本号：2.04	
测试点实际温度					
项　目 测试点	实际温度 最大值 （修正后）/℃	实际温度 最小值 （修正后）/℃	测试传感 器编号	测试传感 器修正值 /℃	测试仪器 通道号	测试仪器 修正值 /℃
1♯测试点	527.6	527.4	1	0.8	1♯	−0.1
2♯测试点	527.6	527.3	2	0.8	2♯	−0.1
3♯测试点	528.6	527.4	3	0.8	3♯	−0.1
4♯测试点	529.2	529.1	4	0.8	4♯	−0.1
5♯测试点	529.2	529.0	5	0.8	5♯	−0.1
6♯测试点	529.0	528.8	6	0.8	6♯	−0.1
7♯测试点	528.4	528.1	7	0.8	7♯	−0.1
8♯测试点	530.0	529.3	8	0.8	8♯	−0.1
9♯测试点	529.3	529.0	9	0.8	9♯	−0.1
10♯测试点	529.7	529.3	10	0.8	10♯	−0.1
11♯测试点	528.8	528.7	11	0.8	11♯	−0.1
12♯测试点	528.5	528.2	12	0.8	12♯	−0.1
13♯测试点	528.5	528.0	13	0.8	13♯	−0.1
14♯测试点	527.6	526.9	14	0.8	14♯	−0.1
15♯测试点	529.8	529.4	15	−0.8	15♯	−0.1
16♯测试点	529.5	529.3	16	−0.8	16♯	−0.1
17♯测试点	528.8	528.5	17	−0.8	17♯	−0.1
18♯测试点	530.0	529.9	18	−0.8	18♯	−0.1
19♯测试点	529.6	529.2	19	−0.8	19♯	−0.1
20♯测试点	528.2	527.7	20	−0.8	20♯	−0.1
21♯测试点	526.6	526.4	21	−0.8	21♯	−0.1
22♯测试点	526.8	526.2	22	−0.8	22♯	−0.1
23♯测试点	527.9	526.9	23	−0.8	23♯	−0.1
24♯测试点	527.5	527.4	24	−0.8	24♯	−0.1
—	—	—	—	—	—	—
—	—	—	—	—	—	—
—	—	—	—	—	—	—
—	—	—	—	—	—	—
—	—	—	—	—	—	—
—	—	—	—	—	—	—
—	—	—	—	—	—	—
—	—	—	—	—	—	—
—	—	—	—	—	—	—
—	—	—	—	—	—	—
—	—	—	—	—	—	—
—	—	—	—	—	—	—

(续表)

报告编号:							
手工计算:□		自动计算:□			版本号:2.04		
温度均匀性测试示意图							
检定编号:			设备名称:	井式回火炉		设备编号:	
设备型号:			使用单位:			工艺传感器分度号:	N
设备等级:		Ⅱ	仪表类别:			C	
有效尺寸/mm²	$\phi800\times1\,000$	前	后	左	右	顶	底
有效区域离内壁距离/mm:		75	75	75	75	190	100
温度高低点位置							
控制区高低点	一区最大值	一区最小值	二区最大值	二区最小值	三区最大值	三区最小值	四区最大值	四区最小值
位置	8	22	18	14	—	—	—	—

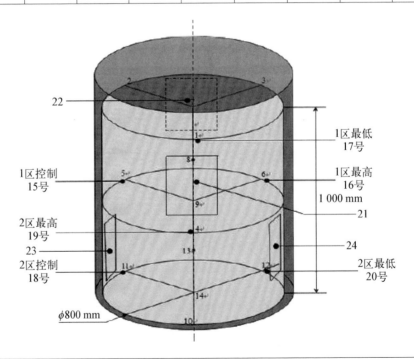

备注:系统测试热电偶位于工艺热电偶靠炉中心一侧,并与工艺热电偶感温端贴近对齐,距离为5 mm。

测试人员:

工艺传感器测试报告

报告编号：					
手工计算：□		自动计算：□		版本号：2.04	
检定编号：		使用单位：		设备等级：	Ⅱ
测试仪器检定号：		测试仪器型号：	2680A	测试仪器校准日期：	2015‐9‐28
测试传感器检定号：		测试传感器校准日期：	2015‐10‐10；2015‐9‐16	测试传感器使用次数：	1
测试传感器分度号：		N		工艺传感器分度号：	N
最大偏差（修正后）/℃：	1.0	最大偏差位置：	一区控制指示	测试日期：	2015‐10‐10

位置/工艺仪表	测试仪器通道	测试传感器编号	温度读数	记录时间				测试仪器修正：	测试传感器修正：
				13:04	13:14	13:24	13:34		
一区控制记录	15	15	实际温度（修正后）	529.8	529.7	529.5	529.4	−0.1	−0.8
			工艺传感器读数	528.9	528.9	528.9	528.9		
一区报警记录	16	16	实际温度（修正后）	529.3	529.4	529.4	529.5	−0.1	−0.8
			工艺传感器读数	528.8	528.8	528.8	528.8		
一区低值记录	17	17	实际温度（修正后）	528.6	528.5	528.7	528.6	−0.1	−0.8
			工艺传感器读数	527.8	527.8	527.9	527.9		
二区控制记录	18	18	实际温度（修正后）	529.9	530.0	530.0	529.9	−0.1	−0.8
			工艺传感器读数	529.3	529.4	529.4	529.4		
二区报警记录	19	19	实际温度（修正后）	529.3	529.3	529.3	529.3	−0.1	−0.8
			工艺传感器读数	528.8	528.8	528.8	528.8		
二区低值记录	20	20	实际温度（修正后）	528.2	527.8	527.9	527.9	−0.1	−0.8
			工艺传感器读数	528.4	528.4	528.4	528.4		

备注：

测试人员：	核验人员：	批准人员：

工艺传感器测试报告

报告编号：										
手工计算：□			自动计算：□					版本号：2.04		
检定编号：			使用单位：					设备等级：		Ⅱ
测试仪器检定号：			测试仪器型号：			2680A		测试仪器校准日期：		2015-9-28
测试传感器检定号：			测试传感器校准日期：			2015-10-10；2015-9-16		测试传感器使用次数：		1
测试传感器分度号：			N			工艺传感器分度号：				N

最大偏差（修正后）/℃：		1.0	最大偏差位置：		一区控制指示		测试日期：			2015-10-10

位置/工艺仪表	测试仪器通道	测试传感器编号	温度读数	记录时间				测试仪器修正	测试传感器修正
				13:04	13:14	13:24	13:34		
一区控制指示	15	15	实际温度（修正后）	529.8	529.7	529.5	529.4	−0.1	−0.8
			工艺传感器读数	528.8	528.8	528.8	528.8		
一区报警指示	16	16	实际温度（修正后）	529.3	529.4	529.4	529.5	−0.1	−0.8
			工艺传感器读数	528.8	528.8	528.8	528.8		
一区低值指示	17	17	实际温度（修正后）	528.6	528.5	528.7	528.6	−0.1	−0.8
			工艺传感器读数	527.7	527.7	527.7	527.7		
二区控制指示	18	18	实际温度（修正后）	529.9	530.0	530.0	529.9	−0.1	−0.8
			工艺传感器读数	529.3	529.4	529.4	529.4		
二区报警指示	19	19	实际温度（修正后）	529.3	529.3	529.3	529.3	−0.1	−0.8
			工艺传感器读数	528.8	528.8	528.8	528.8		
二区低值指示	20	20	实际温度（修正后）	528.2	527.8	527.9	527.9	−0.1	−0.8
			工艺传感器读数	528.5	528.5	528.5	528.5		

备注：	
测试人员：	核验人员：　　　　　　　　　　批准人员：

温度均匀性测试原始数据

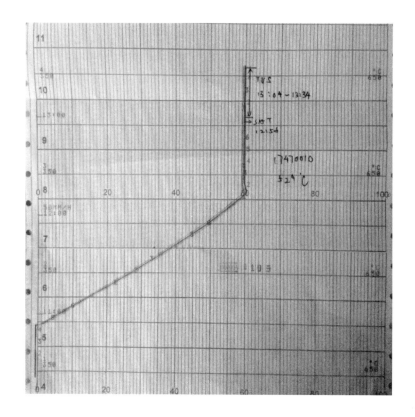

　　从该走纸记录中可以得到如下信息：图纸精度为 3℃/格。设定温度为 529℃，系统精度测试开始时间为 12:58。温度均匀性测试时间为 13:04～13:34，共 30 min。

附录5 某热压罐温度均匀性测试报告

温度均匀性测试报告

报告编号：				
手工计算：□		自动计算：☑		版本号：2.04
检定编号：		设备名称：	热压罐	设备编号：
设备型号：		使用单位：		有效尺寸/mm³： ϕ4 500×11 000
设备等级：	—	装载状态：	测温架	装载量/kg： —
测试仪器检定号：		测试仪器型号：	2680	测试仪器校准日期： 2015-9-11
测试传感器检定号：		测试传感器分度号：	J	测试传感器校准日期： 2015-6-8
测试传感器使用次数：		13		
设定温度/℃：	127.0	安全设定温度/℃：	133.0	温度均匀性容差/℃： ±6.0
超出容差温度（修正后）/℃：	—	超出设定温度（修正后）/℃：	1.8	低于设定温度（修正后）/℃： —
过程中温度最大值（修正后）/℃：	129.0	过程中温度最大值时间：	14:59	过程中温度最大值的位置： 7
测试日期：	2015-9-23	到期日期：	2016-3-22	均匀性测试开始时间： 15:03
均匀性测试结束时间：	15:33	测试规范：		均匀性补偿： —

高低点温度及位置					
控制区	温度	位置	初测值（修正后）/℃（A）	实际温度（修正后）/℃（B）	变化量/℃ |A−B|
♯1	最大值	5	128.8	128.8	0
	最小值	11	127.2	127.1	0.1
—	最大值	—	—	—	—
	最小值	—	—	—	—
—	最大值	—	—	—	—
	最小值	—	—	—	—
—	最大值	—	—	—	—
	最小值	—	—	—	—

备注：压力为689 kPa,气体成分为氮气；			
结论： 符合±6.0℃均匀性容差要求			
测试人员：	核验人员：	批准人员：	

（续表）

报告编号：			
手工计算：□		自动计算：☑	版本号：2.04

测试点实际温度

项　目 测试点	实际温度 最大值 （修正后)/℃	实际温度 最小值 （修正后）/℃	测试传感 器编号	测试传感 器修正值 /℃	测试仪器 通道号	测试仪器 修正值 /℃
1#测试点	127.9	127.3	1	0.4	1#	−0.2
2#测试点	128.3	127.5	2	0.4	2#	−0.2
3#测试点	128.4	127.4	3	0.4	3#	−0.2
4#测试点	128.3	127.2	4	0.4	4#	−0.2
5#测试点	128.8	127.7	5	0.4	5#	−0.2
6#测试点	128.7	127.6	6	0.4	6#	−0.2
7#测试点	128.8	127.6	7	0.4	7#	−0.2
8#测试点	128.2	127.4	8	0.4	8#	−0.2
9#测试点	128.1	127.4	9	0.4	9#	−0.2
10#测试点	128.0	127.3	10	0.4	10#	−0.2
11#测试点	127.6	127.1	11	0.4	11#	−0.2
—	—	—	—	—	—	—
—	—	—	—	—	—	—
—	—	—	—	—	—	—
—	—	—	—	—	—	—
—	—	—	—	—	—	—
—	—	—	—	—	—	—
—	—	—	—	—	—	—
—	—	—	—	—	—	—
—	—	—	—	—	—	—
—	—	—	—	—	—	—
—	—	—	—	—	—	—
—	—	—	—	—	—	—
—	—	—	—	—	—	—
—	—	—	—	—	—	—
—	—	—	—	—	—	—
—	—	—	—	—	—	—
—	—	—	—	—	—	—
—	—	—	—	—	—	—
—	—	—	—	—	—	—
—	—	—	—	—	—	—
—	—	—	—	—	—	—
—	—	—	—	—	—	—

报告编号：							
手工计算：□		自动计算：☑			版本号：2.04		
温度均匀性测试示意图							
检定编号：			设备名称：	热压罐		设备编号：	
设备型号：			使用单位：			工艺传感器分度号：	J
设备等级：		—		仪表类别：		—	
有效尺寸/mm³：	$\phi 4\,500 \times$ 11 000	前	后	左	右	顶	底
有效区域离内壁距离/mm：		—	—	—	—	—	—
温度高低点位置							

控制区 高低点	一区 最大值	一区 最小值	二区 最大值	二区 最小值	三区 最大值	三区 最小值	四区 最大值	四区 最小值
位置	5	11	—	—	—	—	—	—

备注：	
测试人员：	

系统精度测试报告

报告编号：										
手工计算：☐			自动计算：☑			版本号：2.04				
检定编号：			使用单位：			设备等级：		—		
测试仪器检定号：			测试仪器型号：		2680	测试仪器校准日期：		2015 - 9 - 11		
测试传感器检定号：			测试传感器分度号：		J	测试传感器校准日期：		2015 - 6 - 8		
测试传感器使用次数：			13			工艺传感器分度号：		J		
系统校验数据采用时间		15:01	设定温度/℃：		127.0	系统校验容差/℃：		±2.8		
测试规范：						测试日期：		2015 - 9 - 23		

位　置	工艺仪表编号	测试仪器通道	测试传感器编号	工艺仪表读数/℃(A)	测试仪器读数/℃(B)	测试仪器修正值/℃(C)	测试传感器修正值/℃(D)	实际温度(修正后)/℃(G)=B+C+D	偏差/℃A-G
AirTC - 1	AirTC - 1	10	10	127.4	127.7	−0.2	0.4	127.9	−0.5
AirTC - 1 记录	AirTC - 1 记录	10	10	127.4	127.7	−0.2	0.4	127.9	−0.5
AirTC - 2	AirTC - 2	11	11	127.3	127.1	−0.2	0.4	127.3	0
AirTC - 2 记录	AirTC - 2 记录	11	11	127.3	127.1	−0.2	0.4	127.3	0
—	—	—	—	—	—	—	—	—	—
—	—	—	—	—	—	—	—	—	—
—	—	—	—	—	—	—	—	—	—
—	—	—	—	—	—	—	—	—	—
—	—	—	—	—	—	—	—	—	—
—	—	—	—	—	—	—	—	—	—
—	—	—	—	—	—	—	—	—	—
—	—	—	—	—	—	—	—	—	—
—	—	—	—	—	—	—	—	—	—
—	—	—	—	—	—	—	—	—	—
—	—	—	—	—	—	—	—	—	—

备注：	
结论：	符合±2.8℃系统精度容差要求
测试人员：	核验人员：　　　　　　　批准人员：

测试过程的原始数据

14:39:56	19	688.7	121.2	119.3	121.2	121.2	124.9	125.4	121.4	125.4	121.4	116.8	119.2	118.1	118.4	121.2	117.2
14:40:56	20	689	122.1	120.5	122.7	122	124.5	125.5	123.3	124.8	122.3	118.9	120.7	119.6	120	122.1	118.1
14:41:56	21	689.3	122.5	121.2	122.8	122.6	125.2	125.7	123.7	125.7	122.6	120.1	121.2	120.5	120.7	122.1	119.7
14:42:56	22	689	123.4	122.5	124	123.7	125.6	126.4	125.2	126.3	123.7	121.7	122.5	121.7	122	122.8	121.1
14:43:52	22.9	689.3	125	123.7	124.5	124.8	126	127.1	126.1	127.5	124.8	123	123.9	123.1	123.2	125.1	122
14:43:56	23	689	124.8	123.7	125	125	126.8	127.2	126.3	127.4	124.7	123.2	124	123.6	123.2	124.7	121.8
14:44:56	24	689	125	124.5	125.5	125.3	126.6	127.4	126.8	127.8	125.5	123.9	124.9	124.3	124	124.6	123.2
14:45:56	25	689	125.8	125.2	126	126.1	127.2	127.7	127.4	128.1	126	124.6	125.3	124.8	124.8	125.4	123.9
14:46:56	26	689	125.9	125.7	125.9	126.7	127.3	127.8	127.5	128	126.4	125.1	125.8	125.4	125.5	125.3	124.7
14:47:56	27	689	126.6	125.9	127	127	127	128.1	127.6	128.2	126.6	125.5	126.2	125.8	125.8	126.2	124.7
14:48:56	28	689.3	126.8	126.3	126.8	127	127.3	128.3	128	128.4	126.9	126.1	126.5	126.2	126.2	126.6	125.6
14:49:56	29	689	126.9	126.6	127.2	127.4	127.3	128.4	128	128.5	127.2	126.4	126.9	126.5	126.5	126.4	125.7
14:50:56	30	689	127.4	126.9	127.4	127.5	127.9	128.5	128.2	128.7	127.4	126.8	127.1	127.1	126.8	127.1	125.9
14:51:56	31	689.3	127.5	127.1	127.6	127.8	127.7	128.5	128.3	128.6	127.5	127.1	127.3	127.2	127	127.1	126.2
14:52:56	32	689	127.7	127.1	127.7	127.9	128	128.5	128.3	128.6	127.7	127.2	127.5	127.3	127.2	127.4	126.4
14:53:56	33	689	127.7	127.4	127.6	127.9	127.9	128.5	128.3	128.6	127.7	127.3	127.6	127.4	127.2	127.4	126.7
14:54:56	34	689	127.9	127.5	127.6	128.2	128.1	128.6	128.3	128.7	127.9	127.5	127.7	127.7	127.4	127.5	126.9
14:55:56	35	688.7	127.9	127.5	127.8	128	127.9	128.5	128.3	128.5	127.8	127.6	127.9	127.7	127.4	127.4	126.9
14:56:56	36	689	127.9	127.4	128	128.1	127.8	128.5	128.3	128.5	127.9	127.6	127.8	127.8	127.5	127.4	126.9
14:57:56	37	689.3	128.1	127.6	128.1	128.1	128.2	128.6	128.4	128.6	128	127.8	128	127.8	127.6	127.7	127.2
14:58:56	38	689	128.1	127.7	127.9	128.2	128	128.5	128.4	128.5	128	127.8	128	127.9	127.6	127.6	127.2
14:59:56	39	688.2	127.8	127.3	127.7	127.8	127.6	128.1	127.9	128.1	127.6	127.6	127.7	127.7	127.4	127.2	126.9
15:00:56	40	688.7	127.9	127.6	128	128.1	127.8	128.4	128.2	128.4	127.9	127.8	127.9	127.9	127.6	127.5	127.1
15:01:56	41	688.2	127.8	127.2	127.5	127.6	127.1	127.8	127.6	127.7	127.4	127.4	127.6	127.6	127.2	127	126.9
15:02:56	42	690.4	127.9	127.4	127.7	127.9	127.7	128.2	128	128.1	127.7	127.6	127.7	127.7	127.4	127.3	127.1
15:03:56	43	688.7	128	127.5	127.7	127.9	127.5	128.1	127.9	128	127.7	127.7	127.8	127.9	127.6	127.2	127.2
15:04:56	44	688.7	128	127.4	127.8	127.9	127.5	128.2	127.9	128	127.7	127.7	127.7	127.7	127.4	127.3	127.1
15:05:56	45	688.7	127.9	127.4	127.7	127.8	127.5	128.1	127.8	128.1	127.7	127.6	127.8	127.9	127.5	127.1	127.1
15:06:56	46	688.7	127.9	127.3	127.7	127.8	127.3	128.1	127.8	128	127.7	127.6	127.7	127.7	127.4	127.4	127
15:07:56	47	688.7	127.9	127.4	127.7	127.8	127.3	128.1	127.8	128	127.7	127.7	127.7	127.8	127.4	127.4	127.1
15:08:56	48	689	127.9	127.4	127.8	127.9	127.5	128.1	127.9	128.1	127.7	127.7	127.8	127.8	127.5	127.4	127
15:09:56	49	689.3	128	127.5	127.8	128	127.4	128.2	127.9	128.1	127.8	127.7	127.8	127.9	127.5	127.4	127.1
15:10:56	50	689.3	128.1	127.6	127.8	127.9	127.4	128.1	127.8	127.9	127.8	127.7	127.9	127.9	127.6	127.4	127.3
15:11:56	51	689	127.8	127.3	127.5	127.7	127.2	127.8	127.6	127.6	127.5	127.5	127.6	127.7	127.3	127.2	126.9
15:12:56	52	689	127.9	127.3	127.6	127.7	127.1	127.9	127.7	127.7	127.6	127.5	127.6	127.7	127.3	127.1	127.1
15:13:56	53	689.3	127.9	127.4	127.7	127.8	126.9	128	127.7	127.9	127.6	127.6	127.7	127.8	127.4	127.2	127.1
15:14:56	54	687.9	127.6	126.8	126.9	127.1	126.2	126.8	126.8	126.7	127	127.2	127.2	127.3	127	126.6	126.6
15:15:56	55	689.9	127.5	127.1	127.3	127.5	126.9	127.7	127.4	127.6	127.2	127.2	127.3	127.3	127	126.9	126.7
15:16:56	56	689.3	127.6	127	127.3	127.4	127.1	127.5	127.3	127.4	127.2	127.3	127.3	127.5	127.1	126.9	126.7
15:17:56	57	688.7	127.4	126.9	127.2	127.3	126.7	127.4	127	127.3	127.1	127.1	127.2	127.4	127	126.7	126.6
15:18:56	58	689	127.6	127	127.3	127.4	127	127.5	127.3	127.4	127.2	127.2	127.3	127.4	127	127	126.8
15:19:56	59	689	127.6	127	127.3	127.4	126.8	127.6	127.4	127.5	127.3	127.3	127.3	127.4	127.1	127	126.7
15:20:56	60	689.3	127.7	127.1	127.4	127.5	127	127.7	127.6	127.6	127.4	127.3	127.5	127.5	127.2	127.1	126.9
15:21:56	61	689	127.7	127.2	127.5	127.7	126.9	127.8	127.6	127.7	127.5	127.5	127.5	127.7	127.3	127.1	126.9
15:22:56	62	687.9	127.4	126.6	126.8	127	126.4	126.9	126.9	126.8	126.8	127.1	127	127.1	126.8	126.4	126.5
15:23:56	63	690.1	127.5	127	127.2	127.4	127	127.4	127.2	127.1	127.2	127.2	127.4	127.3	127	126.8	126.8
15:24:56	64	689.3	127.5	126.9	127.1	127.3	126.4	127.4	127.2	127.2	127.1	127.2	127.1	127.3	126.9	126.7	126.7
15:25:56	65	689	127.6	127	127.2	127.3	126.9	127.4	127.2	127.2	127.1	127.2	127.2	127.4	127.1	126.8	126.8
15:26:56	66	689	127.5	127	127.3	127.4	127	127.5	127.3	127.4	127.2	127.3	127.3	127.4	127.1	126.9	126.7
15:27:56	67	688.7	127.5	126.9	127.2	127.3	126.7	127.4	127.2	127.3	127.2	127.2	127.3	127.4	127	126.9	126.7
15:28:56	68	689	127.6	127.1	127.2	127.4	127	127.5	127.3	127.4	127.2	127.4	127.3	127.3	127.1	127	126.7
15:29:56	69	688.5	127.5	126.9	127.1	127.2	126.5	127.2	127	127	127.1	127.2	127.2	127.3	127	126.8	126.7
15:30:56	70	690.1	127.1	126.3	126.8	126.8	126.2	126.8	126.7	126.7	126.6	126.7	126.7	126.7	126.4	126.3	126.2
15:31:56	71	689	127.3	126.8	127	127.2	126.7	127.2	127	127.1	127	126.9	127	127.1	126.8	126.7	126.6
15:32:56	72	688.5	127.1	126.5	126.8	126.8	126.6	127.1	126.8	126.9	126.8	126.7	126.9	126.9	126.6	126.5	126.3
15:33:52	72.9	688.7	127.2	126.6	126.9	127	126.5	127.1	126.8	126.9	126.8	126.9	126.9	127	126.6	126.5	126.4
15:33:56	73	688.7	127.1	126.6	126.9	127	126.5	127.1	126.9	126.8	126.8	126.8	126.9	127.1	126.7	126.5	126.3
15:34:56	74	690.4	128.3	128	128.5	128.8	128.7	129.5	129.2	129.4	128.4	127.7	128	128	127.6	128.1	127.3
15:35:56	75	688.7	131.9	131.9	133.1	133.2	132.8	134.8	133.9	134.6	132.3	130.5	131.5	131.4	131.1	131.9	130.4
15:36:56	76	689	137.1	136.6	138.3	138.4	140	140.6	139.9	140.9	137.5	135	136.3	135.8	136	137.3	134.5
15:37:56	77	689	142.1	142	144.6	144.2	146.4	147	145.2	147.3	143.2	140.1	141.6	141.3	141.3	142.1	139.8
15:38:56	78	689	148.6	147.5	149.8	149.4	152.4	152.9	150.8	153.2	148.6	145.1	147.4	146.6	146.8	149	144.2
15:39:56	79	689	153.9	152.2	155.8	154.7	156.4	158.9	155.8	158.5	154.1	150.1	152	151.7	151.6	154.6	149.3
15:40:56	80	689.3	159.7	158.3	161.1	159.9	163.6	164.5	162.2	165	159.5	154.7	158	156.6	157.2	160	155.3
15:41:56	81	689.3	164.7	163.8	166.1	165.7	169.8	171	167.4	171.8	165.8	160.6	163.3	162.3	162.7	164.7	160.4
15:42:56	82	688.7	172.2	170.7	173	171.9	175.4	177.7	173.1	177.3	172.2	166.2	169.7	168.6	168.4	172.3	166.4
15:43:56	83	688.7	175.1	173.3	176.1	174.4	178.5	179.1	176	179	175	171.1	173.4	172.6	172.7	174.3	170.1
15:44:56	84	689	174.6	174.1	175.9	175.6	178.1	178.8	176.7	179	175.4	172.4	174.6	173.3	173.7	173.7	172
15:45:56	85	689.3	176.6	175.7	177.3	176.1	178.6	179	177.3	179.7	176.6	173.5	175.3	174.8	174.9	176.2	173
15:46:56	86	689.3	177.4	176.1	177.4	177.4	179	179.3	178.4	180.4	177.3	174.8	175.9	175.5	175.5	177	174.1
15:47:34	86.6	689	178.1	177	177.8	177.5	179.2	179.3	179	180.6	177.5	175.4	176.7	176	176.2	177.9	174.8
15:47:56	87	688.7	178.1	176.9	178.9	177.5	179	179.7	178.3	180.8	177.7	175.8	176.7	176.3	176.2	177.9	174.9
15:48:56	88	689	178.2	177.4	178.7	178.4	179.1	180.1	179.8	180.7	178.1	176.4	177.4	177	176.9	177.8	175.7

有效数据记录

附录6　某真空炉温度均匀性测试报告

温度均匀性测试报告

报告编号：					
手工计算：□		自动计算：☑		版本号：2.04	
检定编号：		设备名称：	真空退火炉	设备编号：	
设备型号：		使用单位：		有效尺寸/mm³：	3 500×1 200×1 200
设备等级：	V	装载状态：	测温架	装载量/kg：	—
测试仪器检定号：		测试仪器型号：	2635A	测试仪器校准日期：	2015 - 11 - 30
测试传感器检定号：		测试传感器分度号：	N	测试传感器校准日期：	2015 - 12 - 7
测试传感器使用次数：			1		
设定温度/℃：	538.0	安全设定温度/℃：	552.0	温度均匀性容差/℃：	±14.0
超出容差温度（修正后）/℃：	—	超出设定温度（修正后）/℃：	0.6	低于设定温度（修正后）/℃：	3.5
过程中温度最大值（修正后）/℃：	539.8	过程中温度最大值时间：	20:42	过程中温度最大值的位置：	17
测试日期：	2015 - 12 - 10	到期日期：	2016 - 3 - 9	均匀性测试开始时间：	21:10
均匀性测试结束时间：	21:40	测试规范：		均匀性补偿：	—
高低点温度及位置					
控制区	温度	位置	初测值（修正后）/℃（A）	实际温度（修正后）/℃（B）	变化量/℃ |A−B|
♯1	最大值	9	538.6	538.6	0
	最小值	5	534.8	534.5	0.3
—	最大值	—	—	—	—
	最小值	—	—	—	—
—	最大值	—	—	—	—
	最小值	—	—	—	—
	最大值	—	—	—	—
	最小值	—	—	—	—
备注：					
结论：	符合±14.0℃均匀性容差要求				
测试人员：		核验人员：		批准人员：	

（续表）

报告编号：						
手工计算：□		自动计算：☑		版本号：2.04		
测试点实际温度						
项　目 测试点	实际温度 最大值 （修正后）/℃	实际温度 最小值 （修正后）/℃	测试传感 器编号	测试传感 器修正值 /℃	测试仪器 通道号	测试仪器 修正值 /℃
1♯测试点	535.3	534.9	1	−0.3	1♯	−0.1
2♯测试点	534.8	534.6	2	−0.7	2♯	−0.1
3♯测试点	536.5	536.1	3	−0.6	3♯	−0.1
4♯测试点	535.2	535.1	4	−0.1	4♯	−0.1
5♯测试点	534.8	534.5	5	−0.9	5♯	−0.1
6♯测试点	535.4	535.2	6	0.1	6♯	−0.1
7♯测试点	536.7	536.5	7	−0.2	7♯	−0.1
8♯测试点	537.1	536.9	8	−0.7	8♯	−0.1
9♯测试点	538.6	538.2	9	0	9♯	−0.1
10♯测试点	538.1	537.7	10	−0.1	10♯	−0.1
11♯测试点	537.7	537.2	11	−0.7	11♯	−0.1
12♯测试点	536.7	536.3	12	−0.2	12♯	−0.1
13♯测试点	537.4	537.0	13	−0.6	13♯	−0.1
14♯测试点	538.0	537.6	14	−0.4	14♯	−0.1
15♯测试点	538.3	538.1	15	−1.0	15♯	−0.1
16♯测试点	537.1	536.8	16	−0.9	16♯	−0.1
17♯测试点	538.6	538.2	17	0.3	17♯	−0.1
18♯测试点	535.0	534.7	18	−0.5	18♯	−0.1
—	—	—	—	—	—	—
—	—	—	—	—	—	—
—	—	—	—	—	—	—
—	—	—	—	—	—	—
—	—	—	—	—	—	—
—	—	—	—	—	—	—
—	—	—	—	—	—	—
—	—	—	—	—	—	—
—	—	—	—	—	—	—
—	—	—	—	—	—	—
—	—	—	—	—	—	—
—	—	—	—	—	—	—
—	—	—	—	—	—	—
—	—	—	—	—	—	—
—	—	—	—	—	—	—

（续表）

报告编号：					
手工计算：□		自动计算：☑		版本号：2.04	
温度均匀性测试示意图					
检定编号：		设备名称：	真空退火炉	设备编号：	
设备型号：		使用单位：		工艺传感器分度号：	N
设备等级：	V	仪表类别：		A类(CPS8100D)	

有效尺寸/mm³：	3 500×1 200 ×1 200	前	后	左	右	顶	底
有效区域离内壁距离/mm：		200	200	400	400	450	450

温度高低点位置

控制区 高低点	一区 最大值	一区 最小值	二区 最大值	二区 最小值	三区 最大值	三区 最小值	四区 最大值	四区 最小值
位置	9	5	—	—	—	—	—	—

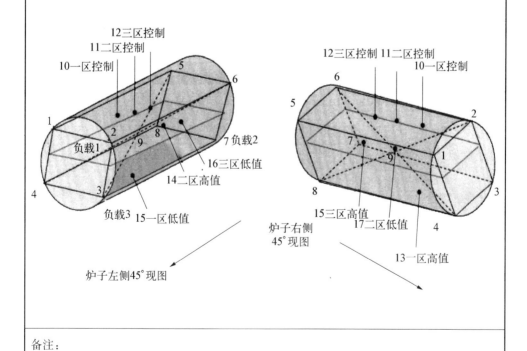

备注：	
测试人员：	

系统精度测试报告

报告编号：									
手工计算：□			自动计算：☑			版本号：2.04			
检定编号：			使用单位：			设备等级：		V	
测试仪器检定号：			测试仪器型号：		2635A	测试仪器校准日期：		2015－11－30	
测试传感器检定号：			测试传感器分度号：		N	测试传感器校准日期：		2015－12－7	
测试传感器使用次数：			1			工艺传感器分度号：		N	
系统校验数据采用时间		21:04	设定温度/℃：		538.0	系统校验容差/℃：		±2.8	
测试规范：						测试日期：		2015－12－10	

位　置	工艺仪表编号	测试仪器通道	测试传感器编号	工艺仪表读数/℃ (A)	测试仪器读数/℃ (B)	测试仪器修正值/℃ (C)	测试传感器修正值/℃ (D)	实际温度(修正后)/℃ (G)=B+C+D	偏差/℃ A－G
一区控制		10	10	538.5	538.5	－0.1	－0.1	538.3	0.2
一区控制记录		10	10	538.6	538.5	－0.1	－0.1	538.3	0.3
二区控制		13	13	538.2	538.3	－0.1	－0.6	537.6	0.6
二区控制记录		13	13	538.2	538.3	－0.1	－0.6	537.6	0.6
三区控制		16	16	538.0	538.3	－0.1	－0.9	537.3	0.7
三区控制记录		16	16	538.0	538.3	－0.1	－0.9	537.3	0.7
一区高值记录		11	11	538.6	538.7	－0.1	－0.7	537.9	0.7
二区高值记录		14	14	539.1	538.6	－0.1	－0.4	538.1	1.0
三区高值记录		17	17	537.2	538.6	－0.1	0.3	538.8	－1.6
一区低值记录		12	12	536.9	537.2	－0.1	－0.2	536.9	0
二区低值记录		15	15	538.6	539.6	－0.1	－1.0	538.5	0.1
三区低值记录		18	18	535.5	535.7	－0.1	－0.5	535.1	0.4
负载1记录		2	2	534.8	535.8	－0.1	－0.7	535.0	－0.2
负载2记录		7	7	537.5	537.2	－0.1	－0.2	536.9	0.6
负载3记录		3	3	536.7	537.3	－0.1	－0.6	536.6	0.1
—	—	—	—	—	—	—	—	—	—

备注：	
结论：	符合±2.8℃系统精度容差要求
测试人员：	核验人员：　　　　　　批准人员：

系统精度测试报告

报告编号：									
手工计算：□			自动计算：☑				版本号：2.04		
检定编号：			使用单位：				设备等级：		V
测试仪器检定号：			测试仪器型号：			2635A	测试仪器校准日期：		2015 - 11 - 30
测试传感器检定号：			测试传感器分度号：			N	测试传感器校准日期：		2015 - 12 - 7
测试传感器使用次数：			1			工艺传感器分度号：			N
系统校验数据采用时间：			21:04	设定温度/℃：		538.0	系统校验容差/℃：		±2.8
测试规范：							测试日期：		2015 - 12 - 10

位　　置	工艺仪表编号	测试仪器通道	测试传感器编号	工艺仪表读数/℃（A）	测试仪器读数/℃（B）	测试仪器修正值/℃（C）	测试传感器修正值/℃（D）	实际温度（修正后）/℃（G）=B+C+D	偏差/℃ A-G
一区控制指示		10	10	538.6	538.5	−0.1	−0.1	538.3	0.3
二区控制指示		13	13	538.2	538.3	−0.1	−0.6	537.6	0.6
三区控制指示		16	16	538.0	538.3	−0.1	−0.9	537.3	0.7
一区高值指示		11	11	538.6	538.7	−0.1	−0.7	537.9	0.7
二区高值指示		14	14	539.1	538.6	−0.1	−0.4	538.1	1
三区高值指示		17	17	537.2	538.6	−0.1	−0.3	538.8	−1.6
一区低值指示		12	12	536.9	537.2	−0.1	−0.2	536.9	0
二区低值指示		15	15	538.6	539.6	−0.1	−1.0	538.5	0.1
三区低值指示		18	18	535.5	535.7	−0.1	−0.5	535.1	0.4
负载1指示		2	2	534.8	535.8	−0.1	−0.7	535.0	−0.2
负载2指示		7	7	537.5	537.2	−0.1	−0.2	536.9	0.6
负载3指示		3	3	536.7	537.3	−0.1	−0.6	536.6	0.1
—	—	—	—	—	—	—	—	—	—
—	—	—	—	—	—	—	—	—	—
—	—	—	—	—	—	—	—	—	—
—	—	—	—	—	—	—	—	—	—

备注：		
结论：　　　　符合±2.8℃系统精度容差要求		
测试人员：	核验人员：	批准人员：

测试过程的原始数据

	未用	/°C	/°C	/°C	/°C	/°C	/°C	/°C	/°C	/°C	/°C	/°C	/°C	/°C	/°C	/°C	/°C	/°C	/°C
2015-12-10 20:06	0	459.376	460.355	459.506	458.788	462.379	461.422	463.032	464.576	453.077	459.114	458.8	458.091	459.223	458.134	457.198	459.136	459.855	457.459
2015-12-10 20:08	0	468.525	469.806	468.438	467.308	471.303	471.021	472.149	473.928	459.914	469.35	469.219	468.286	469.523	469.567	468.351	469.979	470.652	468.503
2015-12-10 20:10	0	478.691	480.163	478.063	476.915	481.635	481.332	482.176	484.101	468.152	479.449	479.124	478.215	479.644	479.817	478.691	479.99	480.899	478.605
2015-12-10 20:12	0	488.951	490.506	487.958	486.726	491.952	491.715	492.405	494.325	477.553	489.815	489.513	488.411	489.966	493.463	492.34	490.463	491.456	489.145
2015-12-10 20:14	0	500.308	501.923	497.958	497.701	503.645	503.387	503.903	505.882	487.776	500.89	500.523	499.339	501.062	504.751	503.588	501.557	502.676	500.33
2015-12-10 20:16	0	511.738	513.392	510.106	508.816	514.981	514.895	515.303	517.213	498.896	512.383	512.039	510.621	512.49	516.478	515.232	513.156	514.208	511.932
2015-12-10 20:18	0	523.545	525.152	521.574	520.373	526.844	526.737	527.186	528.984	510.178	523.674	523.31	521.767	523.76	527.681	526.545	524.381	525.602	523.116
2015-12-10 20:20	0	533.261	534.715	531.614	529.988	535.869	536.189	536.553	538.155	522	534.586	534.415	532.448	534.565	537.458	537.416	535.463	536.467	534.116
2015-12-10 20:22	0	533.497	534.309	532.641	531.016	534.416	535.143	535.469	536.19	529.197	535.571	535.507	533.176	535.4	538.507	537.416	535.955	536.768	534.096
2015-12-10 20:24	0	534.767	535.28	534.403	532.8	535.622	535.755	536.755	536.648	532.971	536.797	536.862	534.489	536.648	539.37	538.301	537.139	537.802	535.173
2015-12-10 20:26	0	535.572	535.914	535.701	536.085	536.107	537.346	537.695	538.201	535.23	537.624	537.795	535.465	537.453	539.855	537.859	538.316	538.436	535.722
2015-12-10 20:28	0	535.965	536.2	536.435	536.499	536.805	537.846	538.657	538.984	535.628	538.102	538.38	536.115	537.931	540.119	538.316	538.685	538.85	536.072
2015-12-10 20:30	0	536.185	536.313	536.933	536.805	536.664	538.193	538.469	538.984	537.595	538.493	538.813	536.655	538.322	540.339	538.685	539.148	539.198	536.356
2015-12-10 20:32	0	536.429	536.451	537.412	535.724	536.664	538.117	538.908	538.984	538.288	538.843	539.164	537.07	538.63	540.412	538.886	539.442	539.442	536.408
2015-12-10 20:34	0	536.407	536.449	537.625	535.83	536.748	538.287	538.979	539.03	538.736	539.013	539.355	537.304	538.821	540.454	539.013	539.013	539.505	536.513
2015-12-10 20:36	0	536.415	536.49	537.719	536.714	536.5	538.21	538.5	539.428	539	539.022	539.428	537.462	538.851	539.5	539.043	539.043	539.545	536.5
2015-12-10 20:38	0	536.383	536.516	537.772	535.956	536.469	538.157	538.926	539.225	539.225	539.075	539.481	537.58	538.905	539.512	539.075	539.165	539.545	536.469
2015-12-10 20:40	0	536.409	536.516	537.798	536.003	536.494	538.161	538.994	539.379	539.379	539.122	539.597	537.734	538.951	539.558	539.165	539.592	539.592	536.494
2015-12-10 20:42	0	536.349	536.135	537.845	535.986	536.477	538.165	538.956	539.469	539.469	539.597	539.597	537.781	538.956	539.584	539.148	539.148	539.618	536.356
2015-12-10 20:44	0	536.233	536.02	537.793	535.913	536.554	538.276	538.999	539.524	539.524	539.054	539.502	537.665	538.862	539.447	539.054	539.46	539.46	536.469
2015-12-10 20:46	0	536.237	536.023	537.754	535.895	536.408	538.109	538.661	539.484	539.484	539.015	539.399	537.647	538.822	539.28	539.015	539.356	539.356	536.258
2015-12-10 20:48	0	536.097	536.097	537.678	536.46	536.161	537.87	538.703	539.43	539.43	538.917	539.344	537.592	538.746	539.225	538.917	538.874	539.299	536.246
2015-12-10 20:50	0	535.998	535.848	537.601	536.297	535.998	537.686	538.519	539.417	539.417	539.246	539.344	537.515	538.669	539.148	538.818	539.182	539.182	536.212
2015-12-10 20:52	0	535.979	535.872	537.539	536.363	536.021	537.688	538.564	539.162	539.162	539.333	539.333	537.475	538.607	539.064	538.756	538.756	539.098	536.107
2015-12-10 20:54	0	535.936	535.872	537.475	536.363	535.616	537.518	538.521	539.469	539.469	539.269	539.099	537.432	538.543	539.898	538.629	538.629	538.992	536.022
2015-12-10 20:56	0	535.878	535.985	537.438	535.6	536.113	537.75	538.314	539.524	539.524	538.998	539.47	537.396	538.485	539.84	538.592	538.592	538.934	535.942
2015-12-10 20:58	0	535.942	535.985	537.438	535.622	536.049	537.374	538.238	539.147	539.147	539.142	539.755	537.331	538.814	539.755	538.279	538.279	538.934	535.878
2015-12-10 21:00	0	535.863	535.849	537.402	535.529	535.97	537.295	539.068	539.068	539.068	539.015	538.738	537.273	538.756	539.675	538.427	538.769	538.769	535.82
2015-12-10 21:02	0	535.842	535.789	537.345	535.529	535.571	537.238	538.114	538.99	538.99	538.371	538.798	537.217	538.678	539.619	538.371	538.371	538.691	535.764
2015-12-10 21:04	0	535.828	535.789	537.349	535.935	535.157	537.157	538.93	538.93	538.93	538.332	538.738	537.179	538.618	539.602	538.311	538.311	538.631	535.725
2015-12-10 21:06	0	535.811	535.709	537.291	535.869	535.469	537.098	538.017	538.893	538.893	538.083	538.637	537.12	538.538	539.521	538.252	538.252	538.551	535.645
2015-12-10 21:08	0	535.795	535.709	537.539	535.777	535.998	537.686	538.519	539.417	539.417	538.811	538.555	537.515	538.669	539.482	538.191	538.191	538.49	535.627
2015-12-10 21:10	0	535.712	535.606	537.539	535.363	536.021	537.688	538.564	539.162	539.162	538.732	538.98	537.475	540.005	539.445	538.134	538.04	538.433	535.612
2015-12-10 21:12	0	535.697	535.591	537.151	535.591	535.783	537.363	538.021	539.445	539.445	538.347	538.347	537.016	538.462	539.898	538.092	538.006	538.37	535.528
2015-12-10 21:14	0	535.635	535.549	537.109	535.314	535.72	537.08	537.879	536.381	536.381	538.263	538.434	536.917	538.4	539.404	538.092	538.092	538.37	535.528
2015-12-10 21:16	0	535.615	535.487	537.047	535.38	535.316	536.983	537.38	538.732	538.732	538.628	538.436	536.898	538.359	539.385	538.051	538.051	538.308	535.53
2015-12-10 21:18	0	535.518	535.411	536.95	535.326	535.689	536.848	537.848	538.617	538.617	538.147	538.339	536.822	538.283	539.373	538.04	538.04	538.232	535.476
2015-12-10 21:20	0	535.527	535.527	536.959	535.335	535.677	536.916	537.856	538.561	538.561	538.156	538.326	536.809	538.292	539.339	538.006	538.006	538.241	535.441
2015-12-10 21:22	0	535.506	535.471	536.959	535.335	535.655	536.895	537.814	538.54	538.54	538.113	538.283	536.809	538.27	539.318	537.963	537.972	538.198	535.441
2015-12-10 21:24	0	535.493	535.381	535.343	535.343	535.642	536.882	537.882	538.506	538.506	538.121	538.271	536.775	538.279	539.262	537.908	537.972	538.185	535.429
2015-12-10 21:26	0	535.498	535.423	535.295	535.377	535.633	536.866	537.742	538.468	538.468	538.069	538.233	536.759	538.241	539.267	537.934	537.934	538.169	535.391
2015-12-10 21:28	0	535.484	535.505	535.338	535.633	535.248	536.83	537.77	538.475	538.475	536.83	538.197	536.745	538.227	539.274	537.941	537.941	538.112	535.377
2015-12-10 21:30	0	535.381	535.423	535.338	535.614	535.208	536.813	537.753	538.458	538.458	538.031	538.157	536.663	537.965	539.213	537.858	537.839	538.05	535.381
2015-12-10 21:32	0	535.379	535.402	535.338	535.573	535.167	536.77	537.689	538.352	538.352	537.945	538.18	536.621	537.945	539.193	537.839	537.839	538.031	535.338
2015-12-10 21:34	0	535.36	535.43	536.813	535.573	536.813	536.77	537.732	538.352	538.352	537.924	538.157	536.584	537.93	539.193	537.817	537.711	538.01	535.338
2015-12-10 21:36	0	535.345	535.43	536.819	535.537	537.674	536.776	537.674	536.776	536.776	537.93	538.08	536.584	537.93	539.178	537.824	537.824	538.016	535.323
2015-12-10 21:38	0	535.387	535.451	535.409	535.558	535.195	537.674	536.776	537.695	537.695	537.93	538.058	536.605	537.738	539.157	537.823	537.823	537.994	535.323
2015-12-10 21:40	0	535.329	535.415	535.415	535.543	535.201	537.658	536.761	536.761	538.299	538.043	538.043	536.569	537.701	539.163	537.787	537.787	537.979	535.308

附录7　各国补偿导线对照表

热电偶类型	对应延长线	对应补偿导线	国际颜色代码	安全电路国际颜色代码	英国 BS 1843	美国 ANSI/MC96.1	德国 DIN 43714	法国 NFC 42324	日本 JIS C 1610—1981	1类延长线精度范围	2类延长线精度范围	延长线使用温度范围	测试接头使用温度
K	KX									$\pm 60\ \mu V$ ($\pm 1.5℃$)	$\pm 100\ \mu V$ ($\pm 2.5℃$)	$-25\sim +200℃$	900℃
		KCA									$\pm 100\ \mu V$ ($\pm 2.5℃$)	$0\sim +150℃$	900℃
		KCB									$\pm 100\ \mu V$ ($\pm 2.5℃$)	$0\sim +100℃$	900℃
T	TX									$\pm 30\ \mu V$ ($\pm 0.5℃$)	$\pm 60\ \mu V$ ($\pm 1.0℃$)	$-25\sim +100℃$	300℃

（续表）

热电偶类型	对应延长线	对应补偿导线	国际颜色代码	安全电路国际颜色代码	英国 BS 1843	美国 ANSI/MC96.1	德国 DIN 43714	法国 NFC 42324	日本 JIS C 1610—1981	1类延长线精度范围	2类延长线精度范围	延长线使用温度范围	测试接头使用温度
J	JX									±85 μV (±1.5℃)	±140 μV (±2.5℃)	−25～+200℃	500℃
N	NX									±60 μV (±1.5℃)	±100 μV (±2.5℃)	−25～+200℃	900℃
		NC									±100 μV (±2.5℃)	0～+150℃	900℃
E	EX									±120 μV (±1.5℃)	±200 μV (±2.5℃)	−25～+200℃	500℃

（续表）

热电偶类型	对应延长线	对应补偿导线	国际颜色代码	安全电路国际颜色代码	英国 BS 1843	美国 ANSI/ MC96.1	德国 DIN 43714	法国 NFC 42324	日本 JIS C 1610—1981	1类延长线精度范围	2类延长线精度范围	延长线使用温度范围	测试接头使用温度
R		RCA									$\pm30\ \mu V$ （±2.5℃)	0～ +100℃	1 000℃
		RCB									$\pm60\ \mu V$ （±5.0℃)	0～ +200℃	1 000℃
S		SCA									$\pm30\ \mu V$ （±2.5℃)	0～ +100℃	1 000℃
		SCB									$\pm60\ \mu V$ （±5.0℃)	0～ +200℃	1 000℃

（续表）

热电偶类型	对应延长线	对应补偿导线	国际颜色代码	安全电路国际颜色代码	英国 BS 1843	美国 ANSI/MC96.1	德国 DIN 43714	法国 NFC 42324	日本 JIS C 1610—1981	1类延长线精度范围	2类延长线精度范围	延长线使用温度范围	测试接头使用温度
B		BC											
G		GC											
C		CC											
D		DC											

参 考 文 献

［1］ AMS 2750，Pyrometry［S］.//SAE International，Aerospace Material Specification. U. S. 2012：8-34.

［2］ ASTM E220，Standard Test Method for Calibration of Thermcouples by Comparison Techniques［S］.//ASTM International. American Society for Testing and Material. U. S. 2013：2-13.

［3］ 邵树成，王振华. JJG 351—1996 工业用廉金属热电偶鉴定规程［S］.//国家技术监督局. 中华人民共和国国家计量检定规程. 北京：中国计量出版社，1996：2-7.

［4］ 陈桂生，付志勇，刘旭栋，等. JJG 141—2013 工作用贵金属热电偶鉴定规程［S］.//国家质量监督检验检疫总局. 中华人民共和国国家计量检定规程. 北京：中国质检出版社，2013：2-3.

［5］ 朱家良，卢仲碧，李元. JJG 617—1996 数字温度指示调节仪检定规程［S］.//国家技术监督局. 中华人民共和国国家计量检定规程. 北京：中国计量出版社，1996：3-16.

［6］ 朱家良. JJG 74—2005 工业过程测量记录仪检定规程［S］.//国家质量监督检验检疫总局. 中华人民共和国国家计量技术规范. 北京：中国计量出版社，2005：3-13.

［7］ 孙淑兰，魏寿芳，韦靖，等. JJF 1171—2007 温度巡回检测仪校准规范［S］.//国家质量监督检验检疫总局. 中华人民共和国国家计量技术规范. 北京：中国计量出版社，2007：3-5.

［8］ 郑玮，向明东. JJG 833—2007 标准组铂铑 10-铂热电偶检定规程［S］.//国家质量监督检验检疫总局. 中华人民共和国国家计量技术规范. 北京：中国计量出版社，2007：1-5.

［9］ 王玉兰，武荷莲，邱萍，等. JJG 160—2007 标准铂电阻温度计检定规程［S］.//国家质量监督检验检疫总局. 中华人民共和国国家计量技术规范. 北京：中国计量出版社，2007，1-14.

［10］ 康志茹，耿荣勤，靳辰. JJF 1379—2012 热敏电阻测温仪校准规范［S］.//国家质量监督检验检疫总局. 中华人民共和国国家计量技术规范. 北京：中国质检出版社，2012，1-4.

［11］ 李洪卫，刘大木，王阳. JJF1184—2007 热电偶鉴定炉温度场测试技术规范［S］.//国家质量监督检验检疫总局. 中华人民共和国国家计量技术规范. 北京：中国计量出版社，2007，2-8.

索　引

B

冰箱和淬火设备的测温　59

C

测量端　3,13,21—23,25

测试热电偶　4,6,7,10,12,15,36,
40,42 - 44,46 - 49,51 - 57,59 - 61,
63,64,76

超温　20,21,23,24,29,36,46,
48,57

超温报警仪表　20

初次温度均匀性测试　48,53,57

F

非易耗型热电偶　5,7,11,14,18,44

辐射测试　15,54

辐射测试热电偶　15,54

G

高温测量常见问题　62

工艺热电偶　4,6,7,12 - 15,18,34,
35,43 - 48,54,57,59,60,63,67,76

工艺系统精度误差　13,45

工艺仪表　12 - 14,18,20,21,25,
27 -30,45,46,59,60,64,77,78

工艺仪表系统　20,21,38

工作标准仪表　16,20,29

贵金属热电偶　4,11,18,95

H

回复时间　54 - 57

J

基准标准仪表　20,29

记录仪表　20,21,27,29,30,38,46,
47,58

记录仪表的分辨率　31

加热板或模具的测温　59

K

铠装热电偶　5,7 - 9

空载测试　57

控制仪表　20 - 25,27,28,34,39,
41,47,59

L

立体法测定设备温度均匀性　49

廉金属热电偶　4,7,10 - 12,14,16,
64,95

露点测试　41

M

满载测试　57 - 59

P

PID 参数　34,35

平面法测定设备温度均匀性　51

R

热电极　3,5,7,8,10

热电偶　　1-5,7-12,14-16,18-25,28-30,32,33,37,39,40,42-49,51,52,54,56-60,62-65,95

热电偶的补偿导线　　18

热电偶的校准　　15,16,18,61

热电偶修正值的补偿　　37

热电势　　3,20

热电阻　　1-3,15,33

热加工设备的等级　　34

热加工设备的调试　　34

热压罐的测温　　57

S

设备的控制区　　34

设定值的温度补偿　　37

实验室炉子的测温　　59

U

"U"系数　　12

W

温度过冲　　36

温度均匀性测试　　1,2,4,7,11,12,18,20,28,34-37,40-43,45,48,49,51-54,56,57,59-61,63-65,76,79,82,87

温度均匀性测试报告　　60,61,74,80,85

温度均匀性测试通过　　60

温度均匀性测试周期　　36,41,53

温度量值的传递与溯源　　31

X

系统精度测试　　1,2,4,7,12,20,28,35,37,40-47,54,57,59,61,64,79

系统精度测试报告　　44,47,61,73,83,88,89

系统精度测试不合格　　45

系统精度测试的替代　　46

系统精度测试周期　　44,46,59

系统精度偏差　　45,46

现场测试仪表　　20,25,28-30

响应时间　　2,5-8,45

泄漏率　　40,41,57

寻找转换点法　　26

Y

仪表的校准周期　　27,29

仪表精度　　21,28,30,34

仪表类型　　21,29,39,53

仪表校准　　25,26,28

仪器的零位补偿　　37

易耗型热电偶　　5,7,10,16

有效工作区　　34,36,40,48,49,51,63

Z

真空炉的测温　　57

装载热电偶　　4,14,15,20-22,38,39,41,44,59,61

最高温度考核　　41

大飞机出版工程
书 目

一期书目(已出版)

超声速飞机空气动力学和飞行力学(译著)

大型客机计算流体力学应用与发展

民用飞机总体设计

飞机飞行手册(译著)

运输类飞机的空气动力设计(译著)

雅克-42M和雅克-242飞机草图设计(译著)

飞机气动弹性力学和载荷导论(译著)

飞机推进(译著)

飞机燃油系统(译著)

全球航空业(译著)

航空发展的历程与真相(译著)

二期书目(已出版)

大型客机设计制造与使用经济性研究

飞机电气和电子系统——原理、维护和使用(译著)

民用飞机航空电子系统

非线性有限元及其在飞机结构设计中的应用

民用飞机复合材料结构设计与验证

飞机复合材料结构设计与分析(译著)

飞机复合材料结构强度分析

复合材料飞机结构强度设计与验证概论

复合材料连接

飞机结构设计与强度计算

三期书目(已出版)

适航理念与原则

适航性:航空器合格审定导论(译著)

民用飞机系统安全性设计与评估技术概论

民用航空器噪声合格审定概论

机载软件研制流程最佳实践

民用飞机金属结构耐久性与损伤容限设计

机载软件适航标准 DO-178B/C 研究

运输类飞机合格审定飞行试验指南(编译)

民用飞机复合材料结构适航验证概论

民用运输类飞机驾驶舱人为因素设计原则

四期书目(已出版)

航空燃气涡轮发动机工作原理及性能

航空发动机结构强度设计问题

航空燃气轮机涡轮气体动力学:流动机理及气动设计

先进燃气轮机燃烧室设计研发

航空燃气涡轮发动机控制

航空涡轮风扇发动机试验技术与方法

航空压气机气动热力学理论与应用

燃气涡轮发动机性能(译著)

航空发动机进排气系统气动热力学

燃气涡轮推进系统(译著)

五期书目(已出版)

民机飞行控制系统设计的理论与方法

民机导航系统

民机液压系统(英文版)

民机供电系统

民机传感器系统

飞行仿真技术

民机飞控系统适航性设计与验证

大型运输机飞行控制系统试验技术

飞行控制系统设计和实现中的问题(译著)

现代飞机飞行控制系统工程

六期书目(已出版)

民用飞机构件先进成形技术

民用飞机热表特种工艺技术

航空发动机高温合金大型铸件精密成型技术

飞机材料与结构检测技术

民用飞机构件数控加工技术

民用飞机复合材料结构制造技术

民用飞机自动化装配系统与装备

复合材料连接技术

先进复合材料的制造工艺(译著)

国际版

动态工程系统的可靠性分析:快速分析法和航空航天应用(英文版)

商用飞机液压系统(英文版)

涡量空气动力学原理

复合材料手册系列

聚合物基复合材料——结构材料表征指南

聚合物基复合材料——材料性能

聚合物基复合材料——材料应用、设计和分析

复合材料夹层性能

夹层结构手册

民机系统工程与项目管理丛书

商用飞机系统工程

中国商用飞机有限责任公司系统工程手册

航空市场及运营管理研究系列

民用飞机设计及飞行计划理论

民用飞机销售支援与客户价值

商用飞机经济性

民用飞机选型与客户化

其他

民机空气动力设计先进技术

飞机客舱舒适性设计

上海民用航空产业发展研究

政策法规对民用飞机产业发展的影响

特殊场务条件下的民机飞行试验概论

国际航空法(译著)

民用飞机飞行试验风险评估指南

现代飞机飞行动力学与控制

英汉航空技术缩略语词典

运输类飞机驾驶舱人为因素设计评估指南

推进原理与设计

工程师用空气动力学

飞机喷管的理论与实践(译著)

大飞机飞行控制律的原理与应用(译著)

民用航空热加工设备的高温测量

论文集

航空公司运营经济性分析与飞行设计

民用驾驶舱人机工效综合仿真理论与方法研究

民用飞机设计与运营经济性及成本指数

商用飞机技术经济性

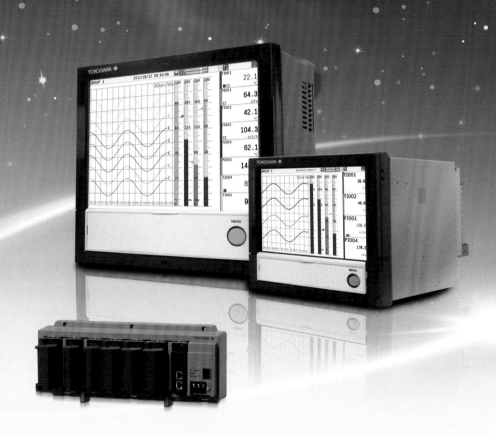

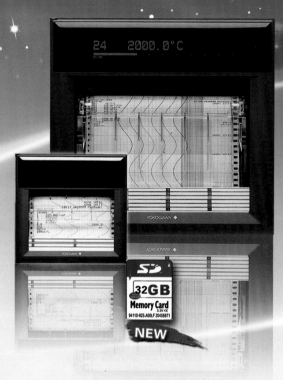

　　本公司所生产的铠装热电偶、工业用热电偶丝以及热电偶线均能达到《AMS2750E》和《BAC5621》标准中的各项指标。特别是产品精度能够符合300℃以下或538℃以下误差小于±1.1℃。

　　我公司所有提供的航空、航天的产品，均采用全自动检测系统以及高精度检验设备来作为品质保证，并且每一支都通过检测、检验，从而使产品达到稳定、可靠。

　　目前我公司产品已被多家航空、航天单位使用。产品精度和稳定性被使用单位认可。其复检合格率可以达到85%以上。

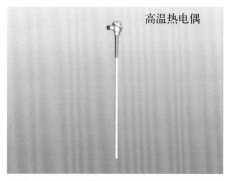

高温热电偶

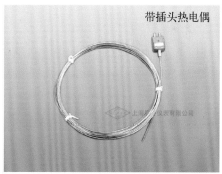

带插头热电偶

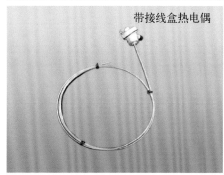

带接线盒热电偶

热电偶丝

原装进口插座

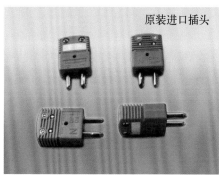

原装进口插头

CEFIR ® 系列 – 陶瓷纤维 最高支持1320 ℃ / 2400 ℉

CEFIR® 系列热电偶电线适用于两种温度范围。陶瓷纤维乃编织于单根导线与护套之上，它在整个温度延长范围内具有灵活性。CEFIR ®2400 单次照射，最高支持1320℃（2400℉），持续照射，最高支持1200℃（2200℉）CEFIR ®2200 单次照射，最高支持1200℃（2200℉），持续照射，最高支持1100℃（2000℉）

Refrasil ® – 石英玻璃纤维 最高支持1100 ℃ / 2000 ℉

石英玻璃纤维编织于单根导线之上，并配备整条石英玻璃纤维。该构造专为980℃（1800℉）下采用持续极度高温而设计。饱和剂采用强绝缘或标准绝缘，阴极处可自行配备或弃用示踪器。

Q-Glass 玻璃纤维 最高支持870℃ / 1600 ℉

植入高强度玻璃纤维可使单根导线成为绝缘体，或充当平整绞线（无护套），亦可配备玻璃纤维制成的护套。该玻璃纤维专为高温下持续使用而设计，具备轧制型Tuffbond 结构。

G-Glass 玻璃纤维 最高支持650℃ / 1200 ℉

植入通用玻璃纤维可使单根导线成为绝缘体，或充当平整绞线（无护套），亦可配备玻璃纤维制成的护套。该玻璃纤维专为高温下持续使用而设计，具备轧制型Tuffbond 结构。

持续温度最高为510℃/950℉

激光焊接机

自动检测系统

热管恒温槽

高温炉

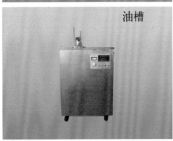

油槽

低温槽